园林景观设计简史

高职高专艺术学门类
"十三五"规划教材

职业教育改革成果教材

■ 主　编　李　群　裴　兵　康　静
■ 副主编　陈彩霞　孙兆钰
■ 参　编　周福生　朱学颖　张雪寒　周霞敏

A R T　D E S I G N

华中科技大学出版社
http://www.hustp.com
中国·武汉

内 容 简 介

　　《园林景观设计简史》通过简述中外园林各个时期的发展与变化,展示数千年来的园林景观发展历史。书中主要介绍了不同时期园林的历史文化背景、园林类型、代表性园林、园林的风格特点及成就。本书包括东方园林景观、西方园林景观以及现代景观设计学三部分。东方园林主要包括中国古典园林、日本园林和东方伊斯兰园林,中国古典园林是这一部分的重点。西方园林主要包括古代及中世纪园林、意大利文艺复兴园林、法国古典主义园林、英国自然风景式园林等。最后对现代景观设计学进行了简明的概述。本书可作为大中专院校景观、园林、环艺等相关专业的教学用书,也可供对园林景观设计历史感兴趣的读者参考借鉴。

图书在版编目(CIP)数据

园林景观设计简史/李群,裴兵,康静主编.—武汉:华中科技大学出版社,2019.6
高职高专艺术学门类"十三五"规划教材
ISBN 978-7-5680-5286-3

Ⅰ.①园…　Ⅱ.①李…　②裴…　③康…　Ⅲ.①园林设计-景观设计-建筑史-世界-高等职业教育-教材
Ⅳ.①TU986.2-091

中国版本图书馆 CIP 数据核字(2019)第 111016 号

园林景观设计简史　　　　　　　　　　　　　　　　　　　　李　群　裴　兵　康　静　主编
Yuanlin Jingguan Sheji Jianshi

策划编辑:彭中军
责任编辑:白　慧
封面设计:优　优
责任监印:朱　玢
出版发行:华中科技大学出版社(中国·武汉)　　　电话:(027)81321913
　　　　　武汉市东湖新技术开发区华工科技园　　　邮编:430223
录　　排:华中科技大学惠友文印中心
印　　刷:武汉科源印刷设计有限公司
开　　本:880 mm×1230 mm　1/16
印　　张:8
字　　数:226 千字
版　　次:2019 年 6 月第 1 版第 1 次印刷
定　　价:49.00 元

前言
Preface

　　世界几千年来的历史文明博大精深，园林作为历史演变的一部分，凸显了人类文化的变迁。园林的发展与变化，体现了不同时期人类在政治、文化、经济、宗教、民俗等各方面的变化，这些方面的变化又对园林的发展有着关键性的影响。园林的变化不仅是其自身的变化，更是一个个历史阶段的产物。

　　随着社会的发展，不同文化、不同地域的园林景观也随之发展。中国是世界文明古国，有着悠久的历史、丰富的文化，古人留下了许多宝贵的园林遗产和高超的造园手法，使中国园林有着自身的民族特点和独特的民族风格。中国古典园林提倡崇尚自然的山水式园林，"虽由人作，宛自天开"是历代造园家所追求的创作原则和艺术标准，也是中国古典园林的主要艺术特征。中国的这一造园理论对亚洲及欧洲国家的园林艺术创作产生了极大的影响。因此，中国园林被誉为世界园林之母，中国古典园林艺术是人类文明的重要遗产。

　　我们从中国古典园林中可以看到，在封建皇权统治下，园林是如何传承、发展并不断完善的；从西方园林史中则能感觉到不同地域文化背景下的人们是如何在自然环境中营造适合人类居住、符合人类审美的新环境，并以园林景观为载体，彰显民族特点和国力的。

　　学习园林景观历史方面的知识，不仅对促进园林景观艺术的发展有着积极的意义，而且对培养相关专业学生在园林历史的传承和设计创新方面的能力，有着有益的启迪作用。园林之美，是大自然造化的典型概括，是自然美、艺术美和社会美的高度融合。从古代园林到现代景观的历史传承，正是园林景观发展的生命力所在。

　　本书在编写中参考了大量的国内外相关资料，参考文献中已注明，如有遗漏，敬请谅解。书中不足或不妥之处，还望读者批评指正。

编者
二〇一九年四月

目录
Contents

第一部分　东方园林景观

第一章　世界园林之母之中国古典园林 / 3

第一节　中国古典园林的发展历史及特点 / 6
第二节　中国古典园林景观的基本类型及特征 / 28
第三节　中国古典园林景观设计手法概述 / 42
第四节　中国古典园林景观代表案例 / 47
第五节　中国古典园林小结 / 61

第二章　佛禅印象之日本园林景观 / 63

第一节　日本园林的发展历程 / 64
第二节　日本园林的艺术特色 / 68
第三节　日本园林景观风格类型 / 70

第三章　规则式建筑之东方伊斯兰园林景观 / 73

第一节　印度伊斯兰园林景观的起源 / 74
第二节　印度伊斯兰园林景观 / 74

第二部分　西方园林景观

第四章　古代及中世纪园林 / 79

第一节　古代园林 / 80
第二节　中世纪园林 / 91
第三节　中世纪伊斯兰园林景观 / 93

第五章　意大利文艺复兴园林 / 99

第一节　文艺复兴鼎盛时期的意大利台地园景观 / 100
第二节　文艺复兴末期的巴洛克式园林景观 / 102

第六章　法国古典主义园林 / 105

第一节　法国勒诺特尔式园林产生的背景及类型 / 106
第二节　法国勒诺特尔式园林景观基本特征 / 109

第七章　英国自然风景式园林 / 111

第一节　英国风景式园林产生的背景及类型 / 112
第二节　英国风景式园林景观基本特征 / 116

第三部分　现代景观设计学

第八章　中西方现代景观设计 / 119

第一节　现代景观设计学的产生背景 / 120
第二节　中西方现代景观设计的差异 / 121
第三节　现代景观设计学的发展 / 122

参考文献 / 123

DONGFANG YUANLIN JINGGUAN DONGFANG YUANLIN JINGGUAN DONGFANG YUANLIN JINGGUAN DONGFANG YUANLIN JINGGUAN DONGFANG YUANLIN JINGGUAN DONGFANG YUANLIN JINGGUAN

第一部分　东方园林景观

在园林艺术中,由于所处环境中的生物、气候、地理等多种因素的差异,导致了园林在诞生初期出现了不同的分类。按园林的风格划分,可以将世界范围内的园林分为东方园林与西方园林两个大的类别。其中,东方园林以中国园林为代表,而西方园林又可以被细分为欧洲园林与伊斯兰园林。然而,在艺术层面上来说,东西方园林具有一定的共性,即两者都产生于人类对大自然的认同。

作为世界园林体系的重要组成部分,东方园林的特点在于其在创造的过程中突出了感性美,将自然之美与人工之美巧妙地融合。在布局上,东方园林通过对自然物按照线条、形状、组合及比例等进行搭配,体现了含蓄、淡泊的格调,给人以情感与精神上的慰藉,暗合了道家所宣扬的清静无为、阴阳调和以及天人合一的思想。同时,在园林的设计上,东方园林也继承了传统文化中"仁者乐山,智者乐水"的思想。

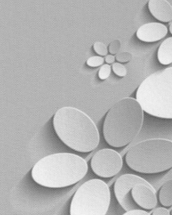

Yuanlin Jingguan Sheji Jianshi

第一章
世界园林之母之
中国古典园林

通常来说,在很多人的认知中,中国具有"瓷国""丝国"的美誉,然而,鲜为人知的是,在园林艺术中,中国也具有举足轻重的地位。在世界造园史上,中国的造园技术独树一帜,拥有悠久的历史与极高的艺术造诣,中国园林甚至可以称为精美绝伦的艺术品。在园林发展的过程中,中国造园对东西方造园行业的发展产生了巨大的影响。因此,在世界造园行业中,中国古典园林拥有"世界园林之母"的美誉。

目前,在世界园林体系中,中国古典园林被视为人类文明重要的遗产之一,其造园的艺术手法与构想在西方被广泛模仿,受到了强烈的推崇,甚至掀起了一阵"中国园林热"。

在中国造园艺术中,根据园林用途的不同,可以将园林大致划分为皇家园林、私家园林、寺观园林、名胜园林以及陵墓园林等几个大的类别。虽然各个类别之间存在着一定的差异,然而,在设计目的上,设计者大都将追求自然境界作为自己的终极目标,极尽所能地表现具有诗情画意的自然风物,从而使整个园林呈现出"虽由人作,宛如天成"的景象。同时,中国古典园林在设计的过程中,还融入了哲学元素,运用含蓄的方式,精巧地勾勒出"庭院深几许"的意境,将禅意与哲学精巧地融入庭院的一花一石、一草一木之中,十分耐人寻味(见图1-1)。

图1-1　中国古典园林

中国古典园林是古代世界主要园林体系之一,其所经历的大约三千年的持续不断的发展,始终在位于欧亚大陆东南部、太平洋西岸的中国领土内进行着。中国古典园林发展的自然背景和人文背景如下。

1. 自然背景

中国国土面积为960万平方公里,约占世界陆地总面积的十五分之一,自北而南跨越六个不同的气候带。

中国的锦绣山川,构成了中国古典园林历史发展的自然背景。中国多山,山地约占国土总面积的三分之二。山脉的排列和走向大致顺应国土地势的宏观轮廓,分为五大系列:东西走向、南北走向、北东走向、北西走向、弧形走向,包括了世界上山脉的岩石组织成分所具有的全部岩性特征。

中国多河、湖。绝大多数湖泊为淡水湖,主要集中在长江中下游的平原地区。

中国是世界上植物种属最多的国家,被西方学者誉为"园林之母"。全国植被的分布情况顺应宏观地势,并因季风的影响,从东南到西北,依次形成森林、草原、荒漠三大植被地区。森林区内降水充沛,从北到南随着热量的递增,植被的种属具有明显的纬度地带性,即"纬向变化",依次形成五个林带。山地植被还有另一个明显特征,即随着海拔高度的上升而更替出现不同的植被类型,构成一山植被的不同纵向分布——垂直带谱。

中国气候类型复杂多样,大陆性季风气候显著,各地干、湿状态差别极大。

2. 人文背景

在经济方面,中国古代封建社会确立的地主小农经济体制,以农业为立国之本。以农民和地主两者为主体的耕、读家族所构建的社区,以一家一户为生产单位的自给自足的分散经营,成为封建帝国的社会基层结构的主体。成熟的小农经济在古代世界居先进地位,对中国古典园林的影响极为深刻,形成园林的封闭性。而精耕细作所表现的"园林风光"则广泛渗透于园林景观的创造中,甚至衍生为造园风格中的主要意向和审美情趣。

在政治方面,中国古代封建社会的中央集权的政治体制,政权集于皇帝一身。"溥天之下,莫非王土;率土之滨,莫非王臣",这种泱泱大国的集权政治的理念在皇家园林中表现为宏大的规模以及风景式园林造景所透露的特殊、浓郁的"皇家气派"。园林艺术的雅俗并列、互斥,进而合流融汇的情况,在园林发展的后期尤为明显。

在意识形态方面,儒、道、释三家学说构成了中国传统哲学的主流,也是中国传统文化的三个坚实支柱。

儒家学说以"仁"为核心,以"礼"为准则,是封建时代意识形态的正统,被统治阶级奉为治国安邦的教条。其在古典园林中反映为自然生态美与人文生态美并重,风景式自由布局中蕴含着井然的秩序和浓郁的生活气氛。儒家的"君子比德"思想,即美善合一的自然美学观念,引发了人们对自然山水的尊重,使得古典园林在其生成之际便重视筑山和理水,从而奠定了风景式发展方向的基础。"中庸之道"与"和为贵"的思想,更为直接地影响着园林艺术创作,让造园诸要素之间始终维持不偏不倚的平衡,使得园林整体呈现一种和谐的状态。

道家学说以老庄自然天道观为主,在政治上主张无为而治,提倡"绝圣弃智""绝仁弃义"。其对中国古典园林的影响:在造园的立意、构思方面追求浪漫情怀和飘逸的风格,园林规划通过山系与水系的辩证布局来体现山嵌水抱的态势;皇家园林景观讲求对神仙境界的模拟。

释即佛家,包括佛教和佛学,追求创作构思的主观性和自由无羁,强调"意",使得作品能达到情、景与哲理交融的境界,从而把完整的"意境"凸显出来。禅宗思维对后期的古典园林也有很大的影响,在意境的塑造上以及意境与物境关系的处理上尤为明显。

除了中国传统的主流意识形态,即儒、道、释三家学说之外,还有许多其他意识形态要素百花齐放,成为中国古典园林历史发展进程中的意识形态背景。其中,"天人合一""寄情山水""崇尚隐逸"这三个要素尤为重要。

"天人合一"由宋儒提出,包含三层意义:①人是天地生成的,强调"天道"和"人道"的相通、相类和统一;②人类道德的最高原则与自然界的普遍规律是一而二、二而一的,"自然"和"人为"也应相通、相类和统一;③"天人感应",天象和自然界与社会人事之间存在互相感应的关系。

寄情山水不仅表现为游山玩水的行动,也是一种思想意识,同时还反映了社会精英——士人永恒的山水情结。名山大川哺育了一代士人,打造了一代士人的性格。山水文化与士人的生活结下了不解之缘,几乎涵盖了他们所接触到的一切物质环境和精神环境。

"崇尚隐逸"和"寄情山水"有极其密切的关系,大自然山水的生态环境是滋生士人的隐逸思想的重要因素之一,也是士人的隐逸行为的最广大的载体。

正是在这样的大背景下,作为历来文化发达、自然生态良好、园林荟萃的地区,中华民族得以为古代世界做出了一项伟大的贡献——创造了一个源远流长、博大精深的古典园林体系。

第一节
中国古典园林的发展历史及特点

作为人类生产与生活的反映与精神文化的结晶,建筑是各个地区人文景观中最为重要的组成部分之一。在世界园林建筑史上,中国传统建筑凭借其丰富多彩的文化内涵与极高的美学价值获得了举足轻重的地位。

在中国古典园林艺术发展的过程中,中国传统建筑在结构上独树一帜,以木构框架作为结构的主体。在屋顶的建造上,中国传统建筑选用了繁复的结构布局以及独特的组合方式,在有效提升其美学价值的同时,极大地激发了旅游者对其的兴趣。

在历史上,中国古典园林建筑一度集中反映了中国古代的宗教信仰、哲学思想以及文化艺术。然而,令人惋惜的是,在很长一段时间里,由于诸多因素的影响,中国古典园林被达官贵人等统治阶级作为个人享乐的工具,并没有真正融入广大人民的生活中。经过漫长岁月的洗礼后,如今,中国古典园林艺术得到了更为广泛的继承与发展,真正实现了被广大人民群众享用的根本目标。

通常情况下,在研究中国古典园林的发展历史时,根据历史文献的记载以及对现存古典园林遗址的实地考察,研究者按照园林建筑艺术的发展规律及工艺特点,将中国古典园林划分为商、周、秦、汉时期,魏、晋、南北朝时期,隋、唐时期以及宋、元、明、清时期进行研究(见图1-2)。

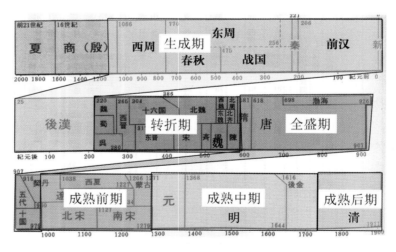

图 1-2　中国古典园林历史发展阶段图

一、商、周、秦、汉时期——生成期

中国的造园历史最早可以追溯到距今三千多年的商周时期。早在原始社会时期,随着时代的发展,中国古代进入了奴隶制社会,此时,先民们还没有掌握种植技术,主要从事的生产活动为狩猎和渔猎。

(一)商周时期

商代和西周是我国历史上典型的奴隶制时期。大大小小的奴隶主——王、诸侯、士大夫皆为贵族。他们占有土地、财富和奴隶,过着奢靡的生活。在河南偃师城西发现的商代早期都城遗址,其规模就十分可观。

20世纪30年代,考古工作者曾对河南安阳的殷墟宫遗址进行发掘。其宫室区的建筑群已经大体上具备了后世皇家宫廷总格局的雏形,在础石附近的木柱的烬余可证明殷商后期已经有了相当大的木构建筑。

从偃师商城、安阳殷墟的布局和宫室建筑的情况来推测,有园林建置的可能。而当时的园艺技术所达到的标准,也足以为造园提供物质条件。

商周的奴隶主贵族把树木看作一个民族、一个部落的象征。"木者,春生之性,农之本也",即树木与原始农业间有着密切的关系。《论语·八佾》中有:"哀公问社于宰我,宰我对曰:夏后氏以松,殷人以柏,周人以栗。"社就是社木,也就是民族、部落的"社稷之木"的象征。分别把松树、柏树、栗树作为夏、商、周的社木,可见古人对树木的敬重。根据《诗经》等文字记载,在西周观赏树木已有栗、梅、竹、柳、杨、榆、栎、桐、梧桐、梓、桑、槐、枫、桂等品种,花卉已有芍药、茶花、女贞、兰、蕙、菊、荷等品种,作为园林植物配置的素材已经足够。

商自盘庚迁都至殷,传至末代君王帝辛,即纣王。纣王大兴土木,修建了规模庞大的宫室。《史记正义》引《竹书纪年》中有记:"南距朝歌,北据邯郸及沙丘,皆为离宫别馆。"

周族原生活在陕西、甘肃一带的黄土高原,后迁都至岐,即现在的陕西岐山县。周文王时期国力逐渐强盛,公元前11世纪,又迁都至丰京,经营城池宫室,在城郊建造了著名的灵台、灵沼、灵囿。在《三辅黄图》中有记载:"周文王灵台,在长安西北四十里。"

商周时期的王、诸侯、士大夫所经营的园林,可统称为"贵族园林"。它们还没有完全具备皇家园林的特质,却是皇家园林的前身(见图1-3)。在文献记载中,最早出现的两处皇家园林的前身就是殷纣王修建的"沙丘苑台"和周文王修建的"灵台、灵沼、灵囿"。

商周时期的园林成就如下。

园林最初的形式为"囿"。"囿"就是划出一定的地域范围,让天然的草木和鸟兽滋生繁育,还挖池筑台,供帝王贵族们狩猎和游乐。"囿"是园林的雏形,除部分是人工建造外,还是以朴素的天然景色为主。

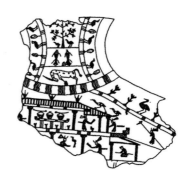

图1-3　战国墓出土镏金残匜上的宫苑台榭图案(贾珺:《中国皇家园林》)

商朝时期,为了方便打猎训练,"囿"是用墙垣围筑起来的自然地块。到周朝时,"囿"的内容扩展到在圈地内种植花、树,并在其间豢养禽兽,后逐渐由为狩猎圈养禽兽发展到为娱乐观赏豢养禽兽。

中国古代园林的孕育完成于囿、台的结合。台是"囿"中较早的建筑物。上古时代的人们敬畏自然现象,认为可以从自然现象中获得神启,于是人们模拟山岳的样子,堆石夯土,台便产生了。登台既可敬天通神,又可极目远眺,尤其在观猎时,便于指挥捕猎。狩猎和通神是中国古典园林最早

具备的两个基本功能。

（二）先秦时期

中国作为四大文明古国之一，其建筑拥有悠久的发展历史以及举世瞩目的辉煌成就。自陕西省半坡遗址所发掘出的距今六千多年的方形与圆形的浅穴式房屋开始，中国古人创造了灿烂的建筑文化。先秦时期，中国古人开始有了建筑的基本意识，先秦以及秦汉时期可以说是中国古代建筑的"自然时期"，在此期间，中国古代建筑的发展主要是由"囿"向"苑"进行转化。

随着先民们对各种技术的逐渐掌握，其生活方式在后来逐渐演化为以种植为中心的定居方式，在这个过程中，先民们通过不断努力，逐渐驯服并饲养了猪、牛、羊、犬等野生动物，同时掌握了麦、稻、禾等作物的种植技术。在这个基础上，出现了圈养与圈种的意识，使生产力实现了进一步的提高，进而出现了从事畜牧业、农业以及手工业等各种劳动的专业工作者。这一批人的出现，极大地解决了奴隶主与统治阶层的劳务需求，使其有了更为充足的时间来进行相应的娱乐活动。在那个历史时期里，统治阶层的娱乐活动主要以狩猎为主，即在禽兽较为集中的山林与水草丛生的地区划定相应的狩猎区域供统治阶级进行捕猎活动，当时，将这些捕猎区域称为"囿"，进而将统治阶级捕猎的活动称为"游囿"。

当时，统治阶级诸如天子与诸侯都拥有属于自己的"囿"，其不同之处在于，根据统治者等级的不同，其所拥有的"囿"在规格与范围上存在相应的区别。

据史料记载，自殷商到秦汉时期，此类"囿"始终存续并经历了长时间的发展，经过系统地分析，研究人员将这段时期内"囿"的特点归纳为以下三点：

（1）占地面积较大。通常情况下，"囿"的占地面积相对较大，据史料记载，"囿"的范围宽广，一般占地方圆几十里甚至上百里。根据等级划分，通常有"诸侯四十，天子百里"的说法。例如，春秋时期，楚国国君楚庄王的"囿"就有百里之巨。

（2）建筑工程量较为浩大。一般来说，为了更为清晰地划分"囿"的范围，统治者会在"囿"的外围修筑界垣，以此将"囿"与其他土地进行分隔。同时，为了满足统治者在狩猎的过程中休整的需要以及方便解决可能发生的紧急状况，在"囿"的内部，通常还建有台屋等相应的建筑。

（3）人工设施逐渐增多。根据记载，狩猎地区通常是禽兽集中、山林水草茂盛之地，位置较为偏远，与统治者的统治中心有一定的距离。因此，为了在"囿"内狩猎的过程中拥有更好的体验，随着生产力的进一步提升，统治者开始在"囿"内修建寝殿、行宫以及花园等建筑。

（三）秦汉时期

秦汉时期，随着生产力与文化水平的进一步提升，早期的"囿"在功能模式与繁杂程度上有了全新的发展。此时的"囿"已经不仅是单纯地以山林水源等自然景色的原始状态存在，而是具有了一定的功能性，逐渐朝着专门化的方向迈进。

帝王们开始在"囿"内建造大型的行宫与馆驿，在满足游猎需要的同时，进一步增添了"囿"内的生活设施（见图1-4）。为了更好地满足自己高品质生活的需要，帝王们还在宫殿内部配置了相应的观赏植物以及人造山水等景色，提升了"囿"的美学价值。在这个发展趋势的影响下，原始的"囿"开始了向"苑"进行转化的进程，其"园林"性质也逐渐萌发。

自汉代开始，"囿"正式更名为"苑"或者"苑囿"。其中，较为著名的有汉武帝拥有的"上林苑"。在"上林苑"中，建筑的奢华程度可谓当世一绝，汉武帝不仅命人修建了"建章宫"与"太液池"，还下令在周围数百里的范围内修建了数十座大型宫殿，并在其中设置了诸如"虎圈观""鹿观""射熊馆"

等多种珍奇动物的相应圈观。同时,汉武帝在苑内种植了"紫纹桃""胡桃"等各地供奉的花木,将整个"上林苑"打造得更为精美。

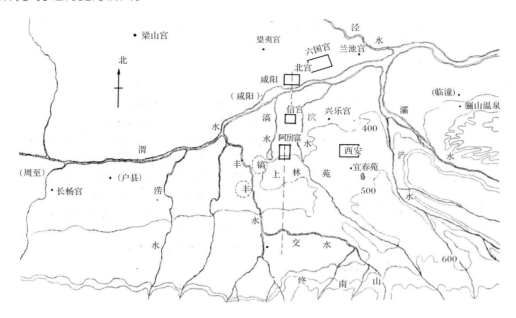

图1-4　秦咸阳主要宫苑分布图(周维权:《中国古典园林史》)

然而,美中不足的是,这个时期,中国的园林艺术尚处于发展的初期,人们只是对园林的美感有了初步的看法与追求,并没有形成一套完备的体制,在对"苑"内景致的布局上,人们还没有一个系统的认识。因此,在对建筑与山水的安排以及奇花异木的种植上,大多仍然处于罗列的状态。同时,在很多地区,由于经济条件以及生产力水平的限制,多数的"苑"仍旧具有强烈的狩猎意味。总的来说,这个时期仍然属于园林的自然发展时期。

秦汉时期的园林成就主要体现在秦汉建筑宫苑和"一池三山"上。

秦汉建筑宫苑和私家园林有一个共同的特点,即拥有大量建筑与山水相结合的布局这一我国园林的传统特点。历史上有名的宫苑有"上林苑""阿房宫""长乐宫""未央宫"等。

秦始皇统一中国后,营造宫室,其规模宏伟壮丽,这些宫室营建活动中也有园林建设,如"引渭水为池,筑为蓬、瀛"。汉代,在囿的基础上发展出新的园林形式——苑,其中分布着宫室建筑。苑中养百兽,供帝王射猎取乐,保存了囿的传统。苑中有宫、有观,以建筑组群为主体。汉武帝刘彻扩建上林苑,地跨五县,广长三百里,"中有苑三十六,宫十二,观三十五"。建章宫是其中最大的宫城,"其北治大池,渐台高二十余丈,名曰太液池,中有蓬莱、方丈、瀛洲、壶梁,象海中神山龟鱼之属"。这种"一池三山"的形式,成为后世宫苑中池山之筑的范例。

二、魏、晋、南北朝时期——转折期

(一)历史背景

东汉末年,地方割据势力壮大,公元220年东汉灭亡,形成魏、吴、蜀三国鼎立的局面。之后魏灭蜀,两年后司马氏篡魏,建立晋王朝。公元280年吴亡于晋,中国恢复统一,史称西晋。西晋末年

各民族混战、政权更迭,南渡的司马氏于公元 317 年在南方建立了东晋王朝。东晋维持了 103 年后,南方相继为宋、齐、梁、陈四个政权更迭代兴,前后共 169 年,史称南朝。北方五个少数民族先后建立十六国政权,鲜卑族于公元 386 年统一黄河流域,是为北朝,从此形成了南北朝对峙的局面。这个时期是我国历史上政治最不稳定的时期。

(二)影响园林发展的背景

我国的自然山水式风景园林在秦汉时期兴起,到魏晋南北朝时期有了重大的发展。这一时期的园林已经逐步抛弃了以宫室楼阁为主,囿中养百兽的宫苑形式,开创了以山水为主体的自然山水园林的新形式。促使这种新形式产生的一个重要原因,就是这一时期文学和绘画的发展。

由于在"皇权至上"的封建社会,政治思想控制了社会的整体发展。长期的分裂与战乱导致各个地方势力割据,政权更迭,政治局面空前混乱,大部分的文人名士选择了缄默,明哲保身。魏晋时期,贵族豪门思想消极,选择及时行乐,荒淫奢靡成风,以园林为游宴享乐之所。知识分子玩世不恭、愤世嫉俗。玄学在魏晋南北朝的士人之间盛行开来,当时的很多名士都是玄学家,从东汉末年的仲长统,到魏晋时代的竹林七贤、陶渊明、谢灵运、王羲之等,无不寄情山水,"隐逸"于世。在玄学思想的影响之下,寄情山水、崇尚隐逸成为社会风尚,士人们普遍形成了游山玩水的风气,并将对大自然风景的审美观带入造园活动中,自然山水风景在这一时期兴起。魏晋文人寄情山水的特点,促进了自然山水式园林的兴盛。

文人名士游览山水的风气,客观上为山水诗的兴起创造了条件。东晋的谢灵运是最早以山水风景为题材进行创作的诗人,陶渊明、谢朓、何逊等人都比较擅长山水诗文。当时许多讴歌自然美的田园山水诗,为中国园林"山重水复疑无路,柳暗花明又一村"的空间构图和意境的形成,提供了极好的蓝本。而山水画的兴盛,也为中国园林的构图、布局、层次、色彩提供了极好的借鉴。魏晋时期,山水已经不再作为人物画的背景,独立的山水画开始出现。山水画的成长意味着绘画艺术向着自由创作时期转变,也标志着文人参与绘画的开始。东晋画家顾恺之,擅人物兼山水,其《庐山图》被称为山水画之祖。

(三)魏晋南北朝时期的园林特点及成就

魏晋南北朝时期的文化趋向多元化,这对园林的发展产生了很大的影响。造园思想逐渐从理论上转移到了情感上,意境的营造有了大方位的扩张,不再局限于秦汉时期的神仙思想,更多的是一种及时行乐、隐逸山林的思想。于是有关园林的审美及创作也有了很大的变化,并升华到艺术的新境界。

1. 自然山水成为园林中主要的审美对象

受到士人们寄情山水、崇尚隐逸的社会风尚的影响,山水开始以独立的身份被关注和欣赏,并应用到造园中。这样的变革改变了中国古典园林的审美趋向,使自然山水成为园林中最主要的审美对象,既有效利用了天然的环境优势,将人工因素降到最少,又充分调动与开发了新的技巧,将园林艺术提升到更高的层次,以实现"有若自然"的审美追求。

2. 私家园林盛行

秦汉时期营造私家园林是达官显贵的特权,而到了魏晋南北朝时期,由于隐逸思想的盛行,许多隐逸的文人有的选择风景优美的自然环境居住,有的则将自然山水融入造园活动中,营造置于大自然中的小环境。私家园林的规模也从汉代的宏大变为这一时期的小型规模,是园林从粗放到精致的一大飞跃。

魏晋南北朝时期,私家园林根据地理位置的不同分为建在城市及近郊的宅院和建在郊外的庄园别墅。郊外的庄园别墅由于地理位置得天独厚,无论建造风格豪华还是简朴,都无须太多人工装饰就能得到自然山水的趣味,如西晋石崇的金谷园、陶渊明在庐山脚下的小型庄园、东晋谢灵运的始宁墅都是这个时期庄园别墅的代表。城市及近郊的宅院设计因受诸多条件限制,需要在技术和艺术上多下功夫,才能营造出自然山水的氛围,园内虽以人工景观居多,但审美上推崇"有若自然"。北魏时期大官僚张伦在洛阳的宅园是这一时期城市私家园林的代表。

3. 皇家园林文人化

到了魏晋时期,较之前朝,皇家园林的狩猎、求仙、通神的功能基本已消失或仅保留其象征意义,生产功能很少存在,游赏活动成为其主要功能。在景观规划设计上虽已较为细致精练,但在造园中仍追求凸显皇家气派,并未摆脱封建礼制。直到南北朝后期才受到私家园林影响,在造园艺术方面得到提升。

魏晋时期的皇家园林规模虽不及秦汉宫苑,但增加了自然山水的部分,造园技术也融入了写意的手法。造园的主流虽然仍追求皇家气派,但也受到民间私家园林一定的影响,南朝个别御苑甚至由当时的著名文人参与经营。建筑设计内容多样,形象丰富,楼、观、阁等多层建筑有所发展。在称呼上除沿袭秦汉的宫、苑外,称之为园的也比较多了。在文人化的影响下,皇家园林中的帝王气象与士人意趣得以融合,形成它独有的风格。当时皇家园林的典型代表有曹魏邺城的铜雀园与玄武苑,北魏洛阳的华林园、鸿池、翟泉,以及六朝华林园等,它们延续时间较长,对后世皇家园林影响较大。

4. 寺院园林兴盛

东汉末年,佛教开始在我国传播、兴盛,全国各地兴建寺庙,寺院园林也随之兴盛起来。寺院园林因其供养人等因素不同,分别体现出皇家园林、私家园林等不同特质,并具有一定的宗教性。寺院园林一般包括宗教活动部分(殿堂等)、游赏部分和生活部分(僧尼住所等)。各部分往往并不独立,而是互相融合,如佛教教义中有不杀生的信条,因此殿前常设有放生池,而其同时也是一种水景景观,处于寺院的风景区,在建设时可以与自然景观相融合,形成多种功能并存的自然风景区。当时的寺院建筑形式多样,最突出的是佛寺、佛塔和石窟。有的修建于城内,建筑宏伟,并带有庭院,如南京的同泰寺(今鸡鸣寺),杭州的灵隐寺和苏州的虎丘云岩寺、北寺塔等。有的修建于郊区或山水景色绝佳的风景区,建筑与自然环境融合在一起,不仅是信徒朝拜的圣地,也是民众游览的风景胜地。

三、隋、唐时期——全盛期

研究者认为,在隋唐时期,中国古典园林逐渐形成了一套完备的体系。根据研究发现,中国实际意义上的"园林"从汉代开始具备雏形,随着时代的发展,在经过东汉时期、三国时期、魏晋南北朝时期的过渡后,中国园林体系有了一定的发展。隋朝时期,随着中国的全面统一,中国古典园林艺术进入蓬勃发展的阶段。直到唐朝建立,随着各种思想的繁荣,中国古典园林出现了一个兴盛的局面。

（一）隋朝时期

1. 历史文化背景

自汉代起，中国古典园林的雏形逐渐形成，随着朝代与政权的更迭，经过历时 400 年的战争与割据后，隋朝最终完成了国家的统一大业，建立了和平与稳定的局面。与此同时，在社会稳定后，中国古代的文化和艺术被推向了新的繁荣期。在这段历史时期，中国古典园林建筑也随之得到了相应的发展与延伸。其中，最为著名的是隋文帝杨坚在位时所修建的大兴城与仁寿宫，以及隋炀帝杨广在位时于东都洛阳修建的皇家园林。

2. 城市与园林特点

1）隋文帝时期

据史料记载，在隋文帝杨坚登基的第二年，由于皇帝认为长安旧城过于狭小，水源咸味较重，不适宜居住，且与国家都城规模不搭配，因此命宇文恺等人负责新都的修建工作。经过长期考察，最终选定于长安东南的龙首原南坡修筑新的都城。随后，在隋文帝的支持下，宇文恺带人开始了新都城的修筑工作。整个都城耗时九个月建成，在规模上，远远超过了长安旧都，同时，在总体规划与形制上，大兴城沿袭了北魏洛阳的制式，有效地反映了中国古代封建集权国家所具有的特点。

大兴城的规模较为宏大，布局非常严谨，在整体布局上，主要有以下特点：

①宫城位于城北，其后设立了作为皇家御苑的"大兴苑"。在大兴城中，正北的宫城具有极高的地位，在皇城的设置中，集中了衙门等管理机构，以此划分出鲜明的统属关系与管理层次。

②都城主轴线明显。从都城的设计角度来看，都城的中轴线由南自北贯穿了皇城与朱雀大街，成了大兴城在结构规划上的主轴线，在这个基础上，有利于都城的结构建设。

③开凿人工水道。为了进一步解决城市的供水问题，同时满足城市内部的园林用水需求，在大兴城内开凿了四条水渠，专门用于水资源的供应。水渠的开凿，进一步提升了都城内部园林的景观效果以及城市的整体生产力水平。

④严格执行"坊市制"。在布局上，大兴城采用纵横交错的模式，从而构成了网格状的城市道路系统。通过这种模式，较为齐整地划分了居住区内的"坊"与"市"，此外，在坊内设立了十字街，通过十字街与十字巷，将全坊均匀地划分为 16 个小区，有利于监察制度的实行。同时，商业活动也被限制于东西两市之内，有利于对坊市分别进行相应的管理工作。

除此之外，在隋文帝时期较为著名的古典园林建筑还有作为隋文帝杨坚避暑之地的离宫仁寿宫，即唐代典籍中所记载的"九成宫"。

据史料记载，仁寿宫位于今陕西省麟游县，该地东临童山，西至凤凰，南依石臼，北有碧城，松柏遍布，即使在三伏天，当地的气候依然十分凉爽，适宜避暑。在建筑仁寿宫的过程中，宇文恺命人修建了一千八百步的城垣以及相对应的外城。在内城的修建过程中，以天台山作为中心，通过修筑土石台阶与游廊，将宫殿楼宇横亘于水上，尤为华丽。此外，在天台山山顶，修建了离宫的大殿，大殿南北的长廊拱顶为人字形，比例极为和谐。在天台山东南角还建有东西走向的大殿，并在大殿四周建造了相应的宫殿建筑群。

与大兴城的建筑思想相同，在仁寿宫内，为了有效满足水源的供应，以规整的石料修砌了相应的水道，用于宫内用水的供应。在仁寿宫的建造中，已经出现了较为明朗的建筑布局意识以及美学特征。

2)隋炀帝时期

隋炀帝继位后,更是将营造宫室作为一项重要的活动。据史料记载,隋炀帝杨广"无日不治宫室"。这一时期里,除了隋炀帝命人修筑的著名的京杭大运河之外,最为著名的就是其命人在东都洛阳修筑的宫苑。后人评价时称,隋炀帝精心营造的宫苑缔造了中国皇家园林史上一个辉煌的时期。

隋炀帝所营造的宫苑主要在东都,关于东都的宫苑,单单从史料上的描述就可以看出其恢宏的气势。史料载,洛阳东都的宫苑"移岭树以为林薮,包芒山以为苑囿"。洛阳的宫苑建立完成,使得隋朝的气势有了翻天覆地的变化,宏大的宫苑建筑也为接下来盛唐的气象埋下了伏笔。隋朝的宫苑建筑对中国园林艺术的重要贡献在于,其建造过程中开始了理水艺术的研究工作。

据记载,隋炀帝在建造东都的过程中,曾大力开展引水工程。利用当时洛阳具有的水资源优势以及四通八达的运河工程,隋炀帝成功地将水体从单纯的景观上升为连接各个园林的要素,从而开创了此后历代皇家园林山水相间的布局模式。在隋朝兴建的园林中,最具有代表性的要数西苑(见图1-5)。在建筑风格上,西苑体现出以下特点:

①分区明显,又相映成趣:整个西苑分为渠院区、山海区、山景区以及宫室区等多个区域,每一个区域都可以自成一个体系,然而,从全局上看,每一个区域又可以与其他区域互相映衬。

②沿袭并发扬了海外三仙山的传统:在西苑的建筑中,仍然沿袭了中国古典文化中海外三仙山的传统特色,然而,西苑的突破之处在于,山海和宫殿的景观组合安排得更为丰富,层次感更为鲜明,其中,西苑的海多由相连的池沼组成,将三座仙山分列其间,在空间景观上形成了鲜明的对照。

③水道极为发达:在西苑中,水道建设极为发达,形成了渠、沼、湖、海等多种水面类型。

④应用水体进行园林效果的营造工作:在西苑的建设布局中,水体由单纯的景观变成了园林布局的主要部分和营造整体园林效果的重要元素。

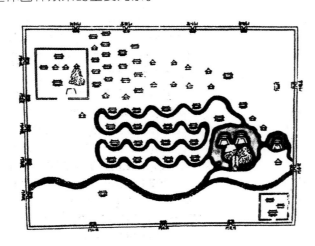

图1-5　《元河南志》附之隋上林西苑图(傅熹年:《中国古代建筑史》第二卷)

在洛阳西苑中,最为著名的要数龙鳞渠,它不仅是一个供游船航行的重要水道,还有效地将沿路的十六座院落连接成一个整体,极大地增强了隋朝皇家园林的艺术价值与自然气息。

针对西苑,有历史学家表示,其是仅次于西汉时期上林苑的特大型皇家园林,西苑的竣工,标志着中国古典园林全盛期的出现。

（二）唐朝时期

1. 历史文化背景

在历史上,唐朝被认为是中国古典园林体系形成的时期。在这个时期之前,我国园林历经东汉时期、三国时期、魏晋南北朝时期以及隋朝时期统一发展的过渡,已经出现了一个较为兴盛的局面与态势。随着经济的发展,各个民族的文化相互融合,进一步促进了我国文化艺术等领域的高度发展,使得整个社会进入了一个空前的繁荣时期。

在城市的修建上,唐朝的长安城大体沿袭了隋朝大兴城的布局,在规模上有了一定的扩大,使得长安城成为当时世界上规模最大、布局最为严谨的一座城市。在长安城的发展过程中,由于经济的发展与思想的逐渐开放,坊市之间的界限逐渐被打破,这也是城市布局发生的变化之一。唐朝长安城平面图如图 1-6 所示。

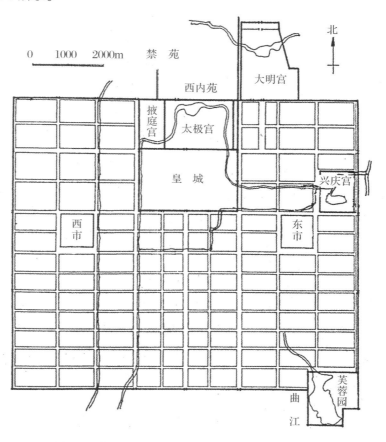

图 1-6　唐朝长安城平面图(贾珺:《中国皇家园林》)

长安城整体上以中轴线为中心布置,东西向与南北向街道纵横相交成网格状划分区域。中轴线由北到南依次通过宫城、皇城、朱雀大街,直达外郭城正南门。从平面布局上来说,城市在规划的过程中严格遵守左右对称的方式。全城以承天门、朱雀门以及明德门之间的连线作为中轴线,向左右展开。同时,为了更好地突出北部中央的宫城在城市中所具有的特殊地位,城市的设计者将承天门、两仪殿、太极殿、甘露殿、玄武门以及延嘉殿等一系列高大的建筑物设置在中轴线的北端,通过其雄伟气势来彰显皇权的威严。从形状上来看,唐代长安城为东西略长、南北较窄的长方形。通过考古工作者的实地测量,东西墙之间的距离为 9721 米,南北墙之间的距离为 8651 米,城市面积约为 84 平方千米。从城市结构上来看,全城主要由宫城、皇城以及外郭城三个部分组成,其中,宫城位于城市北部的中心地带,皇城在宫城的南面,而外郭城以宫城和皇城为中心,向城市的东西南三面展开。

唐朝政局稳定、社会安定、经济繁荣,出现了贞观之治和开元之治两个盛世。在这一时期,社会的发展也带动了园林的进一步发展,在唐代的园林体系中,两个特点逐渐凸显出来。一是在园林的建造过程中对园林的游乐与景色观赏功能有了进一步的重视,例如开始建造假山与池塘,使得园林的整体布局更为融洽,极大地发挥了园林所具有的游览、观赏甚至是举办宴会的基本功能。另一个特点是,随着绘画技艺的不断发展,部分绘画艺术与布局方法被应用到园林的建造工作中,极大地丰富了相关设计者在园林建造过程中的创作手法。

在唐朝,我国文化领域空前繁荣,其中绘画领域有了极大的发展,在山水画逐渐趋于成熟的基础上,工笔画与写意画开始出现,与此同时,诗歌也达到了一个顶峰,诗画二者互相渗透,并影响着园林的发展,使得唐朝的园林艺术逐渐呈现出一派诗情画意的感觉。此外,随着经济的空前繁荣,我国的园林艺术在发展的过程中也有了相应的经济基础,这也极大地促进了我国园林艺术的进一步发展。

由于这些因素的推动,唐朝在建造宫苑的力度上,比之秦汉,规模更为浩大。在长安大兴土木,建设了大量的宫殿,宫殿风格继承并发展了魏晋南北朝时期的园林风格,皇家园林在气势上显得更加雍容华贵。

2. 唐朝园林

在唐代,园林可以大致分为四种类型:皇家园林、私家园林、寺观园林以及公共园林。其中,皇家园林和私家园林是园林发展的重点,而寺观园林与公共园林的发展速度则较为迟缓。究其原因,主要是因为这两种园林的推动因素相对较少,其中,寺观园林是宗教逐渐世俗化的结果,主要发挥的是供人游览参拜的作用,因此,园林布局的风格相对较少。同时,虽然据典籍记载,唐朝十分重视公共园林的兴建,然而,在宏伟的城市规模的映衬下,园林绿化显然并不能有效地吸引人们的目光。

1)皇家园林

总体概况:

①建筑集中:唐朝的皇家园林多建于两京地区(即长安与洛阳),在两京之外的地区虽然也有建造,但是总体规模还是以两京最为宏大。

②数量巨大:唐朝时,由于国力兴盛,对于园林的发展有极大的推动作用,园林整体数量十分巨大。

③类型划分明显:随着皇室生活的多样化,园林的发展也有了进一步的提升,同时,对园林的各种类型的划分,也显得较为明显。

④造园活动频繁:在中国古代的造园历史上,隋唐时期的造园活动最为频繁,在唐朝更是达到了一个顶峰。

⑤全盛局面逐步消失:天宝年以后,皇家园林的兴盛局面消失。

唐朝著名的皇家园林有大明宫、九成宫以及华清宫等。

(1)大明宫。

大明宫位于龙首原,是一座相对比较独立的宫城,在格局上,大明宫呈现出典型的宫苑分置的情况,南半部分为宫廷区,北半部分为苑林区(见图 1-7)。

大明宫建立在现今陕西西安的龙首原,为唐太宗李世民下令修建,后经唐高宗李治扩建,正式

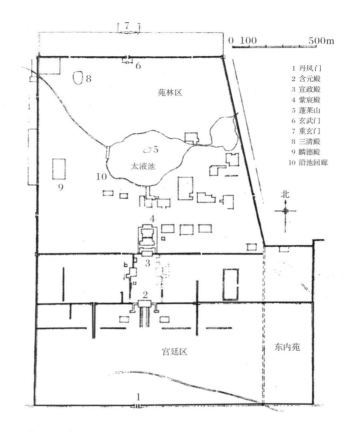

图 1-7　唐朝大明宫平面示意图(刘敦桢:《中国古代建筑史》)

成为帝王在长安的居住与办公场所,后于唐朝末期毁于战乱。1961 年,大明宫的遗址被列为国家级重点文物保护项目。据史料记载,大明宫规模宏大,与终南山遥遥相对,俯瞰着整个长安城。大明宫在布局上南宽北窄,呈现为一个不规则的长方形,其中,南面的城墙长 1674 米,北面的城墙长 1135 米,西墙和南北城墙互相垂直,长约 2256 米,东墙呈倾斜状态,有部分曲折。在大明宫内部,筑有三道东西向平行的宫墙,宫墙都是夯土墙,仅转角以石块砌成。同时,在城墙之外筑有平行的夹城,并在宫内驻扎了禁军以保护帝王的安全。

在建筑结构上,大明宫被分为外朝与内廷两个部分。在外朝部分,大明宫继承了太极宫所使用的三朝制度,以南北向轴线为基准,设置了作为大朝的含元殿、作为日朝的宣政殿以及作为常朝的紫宸殿。在三座大殿的东西两侧均修筑了楼台殿阁以备使用。同时,还设立了若干官署,如中书省、弘文馆、门下省等。在内廷部分,以太液池作为中心,在太液池中建造了神话中的蓬莱山,围绕着太液池设置了回廊与殿阁,作为帝王与妃子游乐起居之地。

(2)九成宫。

作为唐朝第一离宫的九成宫,其位于今天的陕西省宝鸡市,始建于隋文帝时期,本名为"仁寿宫",后经唐太宗扩建,取"九重"之意,更名为"九成宫"。唐朝九成宫(仁寿宫)复原平面图如图 1-8 所示。

宫殿的建筑地址在海拔 1100 米的五台山上,这里夏无酷暑,气候宜人,因此九成宫被作为皇帝避暑的夏宫。在建筑特点上,建筑物在设计上顺应当地的地势,依山而建,既与自然风景和谐统一,又不失皇家的气势。

(3)华清宫。

华清宫是唐朝著名的园林之一,位于陕西临潼,至今保存得较为完整(见图 1-9)。华清宫以其

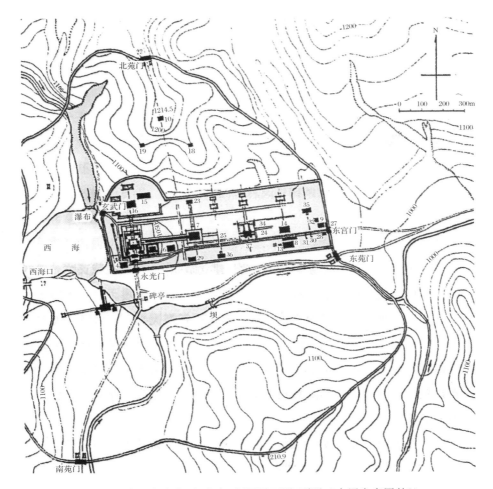

图 1-8　唐朝九成宫(仁寿宫)复原平面图(贾珺:《中国皇家园林》)

中的华清池闻名于世。据史料记载,骊山脚下的温泉得天独厚,皇帝以此赐浴杨贵妃,因而使得华清宫闻名天下。在研究过程中,学者们逐渐发现,华清宫最大的特色就是体现了早期自然山水园林的风格,在造园上,华清宫根据当地的地势对园林进行了相应的改造工作,在绿荫丛中错落有致地设立了亭台楼阁,各个建筑鳞次栉比,将地势与自然景观完美地融合到了造园工程中。其中"骊山晚照"更是被誉为著名的"关中八景"之一。

在建筑特点上,华清宫以长安城作为蓝本,南苑北宫,规模浩大。同时,苑林区根据自然情况,良好地设置了相应的建筑物。此外,为了确保环境美观,建造者还进行了大量的人工绿化工作。

2)私家园林

历史背景:

①社会因素:唐朝时期,社会相对繁荣稳定,经济与文化得到了良好的发展,人民生活水平也随之得以提升,促进了造园业的发展。

②制度因素:科举制度的实行,使得很多有文化的人进入了宫廷,然而他们的官位不能传给子孙,为了罢官后有一个很好的生活,开始热衷于造园。

③思想因素:文人本身对造园艺术的热爱。

文人园林的兴起:

①概念:文人园林的意义十分宽广,它不仅指由文人建造的园林,还可以指代所有受到"文人

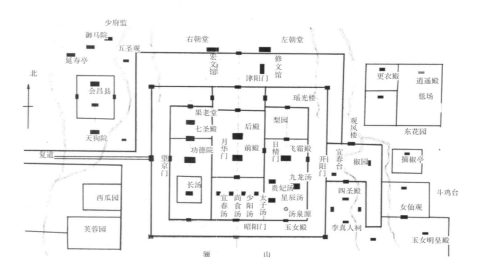

图 1-9　唐朝华清宫平面示意图(周维权:《中国古典园林史》)

化"感染的园林体系。

②出现的原因:唐代文化的进一步发展,使得文人的审美与鉴赏能力有了进一步的发展与提升。

③特征:诗歌艺术与绘画艺术开始影响造园艺术;在园林建造与布局的过程中,开始融入文人的思想。

由于科举制度的影响,大部分平民知识分子有了晋升的机会,一旦入朝为官后,他们就拥有了极高的社会地位与优厚的俸禄,然而,对于他们而言,自己的身份和地位却无法世袭罔替,因此,很多官员逐渐形成了一套处世哲学,即在自己为官时努力做一番事业,同时,为自己罢官后留一条退路,而兴建园林,刚好满足了大多数人的愿望。此外,文人为官的数量逐渐增加,园林逐渐成了文人们生活中日常交往的场所。直到中唐后期,文人开始直接参与相关的造园计划,在园林建造时,文人们将自己的思想以及对自然的理解更好地融入园林当中,有效地提升了园林清新雅致的格调,进而出现了在私家园林的基础上形成的一种新的园林类型——文人园林。

与华贵的皇家园林不同,在文人园林中,园林设计在赏心悦目的同时还寄托了文人的理想与情感,在当时的社会,更加受到人们的喜爱与称道。其中,比较有代表性的有浣花溪草堂以及庐山草堂(见图 1-10)等。文人园林的出现为宋代园林的发展奠定了基础。

(a)堂前白居易像

(b)远看庐山草堂

图 1-10　唐朝白居易庐山草堂

在唐朝的私人园林中,最为著名的是王维的辋川别业(见图 1-11)。"别业"一词与"庄园"有一定的近似之处,与"第宅"或者"旧业"相对,指的是业主原有一处自己的住宅,后又在别处新建了一所住宅。别园如果是建在自家的领地范围内,则等同于庄园,如果是在独立的园林地区修建,则不可称为庄园。此外,别业与宅园的区别在于,别业多位于郊区,是以家宅为主体的园林,而宅园多位于城市内部,是将自家的土地划出一部分布置成园林,以供日常生活中游览之用。

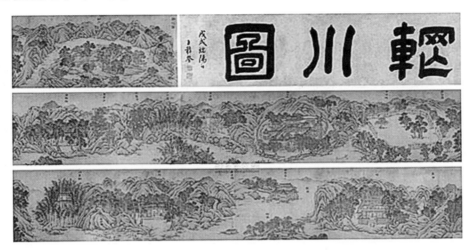

图 1-11　郭忠怒:临王维辋川图(部分)

(三)隋唐时期园林成就

在这一时期,中国园林的发展进入全盛期,作为园林体系所具有的风格特征已经基本形成,这个时期的造园特点及取得的主要成就包括以下四点。

1)皇家园林的"皇家气派"已经完全形成

隋唐时期的皇家园林规模庞大,数量剧增,皇家园林的地位相较于魏晋南北朝时期变得更为重要。在园林性质上,已经形成大内御苑、行宫御苑、离宫御苑三个类别。皇家气派是皇家园林的内容、功能和艺术形象的整体结合,它的形成与当时的政治思想以及经济文化的繁荣密切相关。在皇家园林设计方面,九成宫、华清宫等整体布局宏伟,设计极为气派,充分彰显了皇家园林的大气。

2)文学艺术进一步融入园林设计

隋唐时期的园林景观设计极具文学艺术特色,全面布局涉及花鸟画、人物画、山水画以及宗教画等的特点,因画成景,以诗入园,整体景观优美而富有意境。此外,唐代诗歌繁荣,山野田园诗配合画作的意境融于园林建设中,使得唐代园林更具诗情画意。

3)寺观园林的发展

寺观园林多涉及宗教建筑,自然景观与宗教特色结合,彰显宗教文化韵味。将宗教建筑与风景建筑在更高的层次上相结合,能促进风景名胜尤其是山岳型风景名胜区的普遍发展。

4)园林创作技艺和园艺技术提高

隋唐时期筑山理水等造园手法得到了进一步的提升,使隋唐园林更为精致;植物栽培等园艺手法大为进步,使得园林植物种类丰富,琼花、牡丹等奇珍异品数量繁多,此外在栽培技艺上,嫁接法、催花法技术日益成熟。园林景观绽放异彩。

四、宋、元、明、清时期——成熟阶段

（一）宋朝时期

1. 历史文化背景

宋代是中国封建社会各种文化承上启下的关键时期,园林也在这时步入了初步成熟的阶段。宋朝分为北宋和南宋。公元 960 年,宋太祖赵匡胤即位后建都于开封,称为东京。东京的水陆交通非常方便,从唐朝以来一直是中原的重要城市,五代时又较少遭战争破坏,是一个因大运河而繁荣的古都。公元 1126 年,金军攻下东京,改名汴梁,次年金太祖废徽、钦二帝,北宋灭亡。宋高宗赵构逃往江南,建立南宋王朝,与北方的金王朝形成对峙的局面。公元 1138 年南宁定都杭州,改称临安。公元 1271 年,蒙古灭金,定国号为元,公元 1279 年,元灭南宋,宋朝彻底灭亡。

北宋东京城废除了传统的里坊制,代之而起的是繁华的不夜城,这是中国城市发展的一大进步。东京城由州扩建为都城,宫室的规模不大,着重解决城市发展中的实际问题,如改善交通,扩大城市用地,疏通交通河道,注重防火、城市卫生及绿化等,适合当时的社会状况,与以往的都城有很大的不同。东京城为开敞式的街巷结构,沿街为市,沿巷做居,并打破封闭的市制,取消夜禁制度。城市的基础设施完备,城内供水便利,漕运发达,城内及周边有华丽的皇家园林。东京城的规划布局对以后的金中都、元大都、明清北京城的影响都很大。北宋东京城主要宫苑平面示意图如图 1-12 所示。

宋代地主小农经济发达,商业和手工业繁荣,封闭的里坊被打破,形成热闹繁华的商业街,张择端的《清明上河图》描绘的就是这种景象。城乡经济如此高度发展,促进了造园技术水平的提高。虽然宋代经济高度繁荣,但国势羸弱,各个阶层都处于国破家亡的忧患中,这些忧患意识在宋代的诗词中随处可见,当时讲究玩乐的奢靡的社会风气,就是这种忧患意识所致。在这种特殊的历史背景下,帝王及士大夫大兴土木,广建园林。

另外,宋代重视文臣,致使两宋文人之盛,远胜前朝。因此当时的诗词绘画极盛,出现了很多著名的山水诗、山水画。文人借景抒情,企图把生活诗意化,许多文人、画家参与造园,形成了富有文人构思的写意山水园林艺术。宋代科技的发展也使造园技术有了很大的提高,为广泛兴造园林提供了技术上的保证,是当时造园艺术成熟的标志。

2. 宋朝园林

宋朝时期的中国古典园林艺术已经与文学艺术和绘画艺术实现了良好的融合,造园的技艺达到了历史以来最高水平。作为我国造园史上的第三次飞跃,宋朝的园林艺术在某些方面有了更大的提升。其中,绘画与诗歌的进一步发展,对园林艺术有着很好的促进作用。同时,文人的气息更加浓厚,不但出现了文人写意的园林风格,在园林的命名上,也体现了浓郁的文学色彩。此外,宋代还出现了大量的园林专著,进一步推动园林艺术形成相应的体系。

1)受到文学艺术的影响

在宋朝,诗歌与绘画等文学艺术得到了进一步的发展,绘画艺术已达到高峰(见图 1-13)。在文学艺术作品中,更加强调人的主观情绪,山水画也逐渐成了园林建造的蓝本之一。在这种新的美学影响之下,宋代的造园艺术与唐代相比,有了新的发展,不同于之前唐代的雄浑壮阔,而是朝着秀美

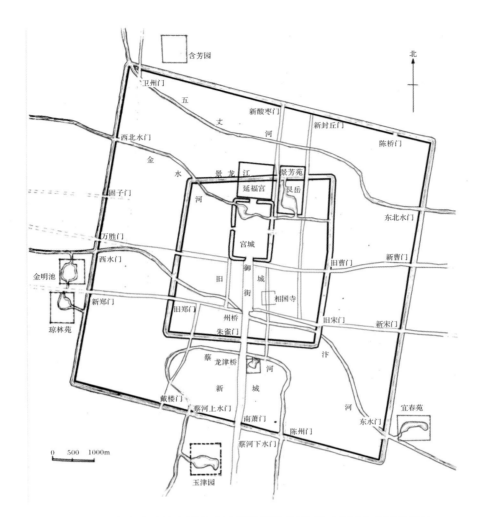

图 1-12　北宋东京城主要宫苑平面示意图(周维权:《中国古典园林史》)

的方向改变。

2)园记与园林专著大量出现

在宋代园林的发展中,一个标志性的特征就是园记与园林专著大量出现。这些文献的出现能进一步帮助造园者更好地了解相应的造园思想、景观特色、历史沿革、结构功能以及审美价值。园记中具有代表性的是李清照的父亲李格非所著的《洛阳名园记》以及南宋周密所著的《吴兴园林记》。这些园记都很好地记录了当时私家园林的情况,内容具体翔实,从中可以很好地对当时的园林建筑进行了解。同时,除了这些记录园林群体的园记之外,还有一些园记是对单独园林的记录,例如司马光所著的《独乐园记》、沈括所著的《梦溪自记》以及苏舜钦所著的《沧浪亭记》等。

在园林理论的发展方面,宋朝出现了《云林石谱》,这是我国古代历史上记载石料最为完整丰富的一部书籍,涉及名石共116种。作者亲自对这些名石的产地进行了考察,详细地记载了各种石材的颜色、形状、质地、坚硬程度、受到敲击时的声音、光泽、纹理、透明度、晶形、吸湿性等性质,并进行了相应的分类整理。在这个基础上,《云林石谱》还详细介绍了各种石材的具体用途和加工方法,例如何种岩石适合制作器物、何种岩石适合制作研屏以及何种岩石适合制作假山等。此书极大地推进了当时园林艺术的发展。

（a）关仝《关山旅行图》　　　　（b）范宽《溪山旅行图》　　　　（c）马远《踏歌图》

图 1-13　北宋山水画

　　李明仲的《营造法式》和喻皓的《木经》，是对当时建筑工程技术实践经验的理论总结。宋朝的建筑已能够发挥点缀风景的作用（见图 1-14），树木和花卉的栽培技术也有所提高，已出现嫁接和引种驯化的方式。周师厚的《洛阳花木记》记载了 200 多个品种的观赏花木，并介绍了许多具体的栽培方法。南宋陈景沂的《全芳备祖》，全书共 58 卷，收录植物 300 余种，记述了 130 种花的产地、习性、典故、诗词等。

　　3）园林类型及特点

　　（1）皇家园林。

　　宋代的皇家园林多集中在东京和临安两地，相比于隋唐皇家园林，宋代的皇家园林的规划设计更为精巧，但缺少皇家气派，其风格更接近于私家园林。宋代皇家园林之所以出现规模较小，接近私家园林的情况，不只是国力的影响，也与当时的文化风尚有着很大的关系。在统治者方面，以书画著称的宋徽宗对太湖石极其喜爱，以先构图立意，然后根据画意施工的方式建造了寿山艮岳，并将其对太湖石的审美很好地运用到了作为自己御花园的"艮岳"的造园过程中。这个典故还被文学家发挥，最终形成了中国古代著名小说《水浒传》中的片段，也就是书中所提到的"花石纲"。艮岳是宋代园林的最高成就，在这座皇家园林里，既有徽宗以太湖石垒成的古代传说中海上仙山的仿制品，将道家思想完美地融合到了自然之中，更有众多反映我国山水特点的景致（见图 1-15）。东京的皇家园林分为大内御苑和行宫御苑。属于前者的有后苑、延福宫、艮岳三处，属于后者的有景化苑、琼林苑、宜春苑、玉津园、金明池、瑞圣园及牧苑等。

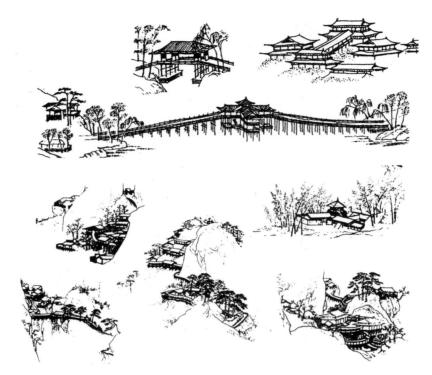

图 1-14　宋画中的建筑（刘敦桢:《中国古代建筑史》）

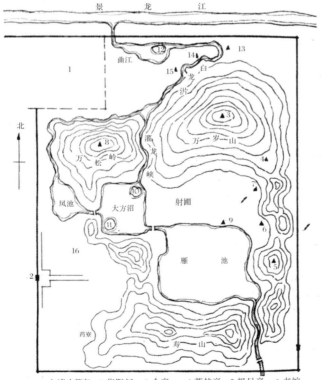

1.上清宝箓宫　2.华阳门　3.介亭　4.萧林亭　5.极目亭　6.书馆　7.尊露华堂　8.巢云亭
9.降霄楼　10.芦渚　11.梅渚　12.蓬壶　13.消闲馆　14.漱玉轩　15.高阳酒肆　16.西庄

图 1-15　宋朝艮岳平面示意图（周维权:《中国古典园林史》）

（2）私家园林。

宋代文人的私家园林占主导地位,同时影响着皇家园林和寺院园林。在宋朝时期,私家园林得到了长足的发展,在发展过程中,诞生了一种全新的园林类型——文人写意园。其特点在于,在造园的过程中,更加注重设计中的文化底蕴。其中,比较有代表性的是诗人苏舜钦建造的沧浪亭以及沈括的梦溪园等。这种文化底蕴的进一步渗入,是宋代园林与唐代园林的本质区别。

（3）其他园林。

宋代的寺院园林发展到了一个新的高度,文人文化也渗透到寺院园林中。佛教发展到宋代时,以禅宗为首且已融会其他各宗,随着禅宗的完全汉化,佛寺园林世俗化的倾向也更为明显。由于儒家思想与佛教的融合,文人园林的趣味也更加广泛地渗透到寺院中,形成了寺院园林的文人化特点。其中,比较有代表性的是灵隐寺、韬光庵等。

南宋临安的西湖近郊一带,历经晋、隋唐、北宋的开发整治,已经成为一座大型的自然风景园林,西湖山水的自然景观与人工造景浑然一体,常有文人在此以西湖为题吟诗作画。文人的诗画和造园活动,以及流传多年的传说故事,增加了西湖的传奇色彩,令人神往。当时已形成了著名的西湖十景,从南宋流传至今,成为古今人们游览的胜地。

3. 宋朝园林成就

（1）造园技术成熟。理水能够模拟大自然全部水体形象,叠石、置石均显示出高超技艺。

（2）植物栽培技术发展。园林植物培植技术有所发展,出现了嫁接和引种驯化等多种栽培技术。

（3）木构建筑到达顶峰。宋代的园林建筑几乎达到了完美的境界,木构建筑相互之间比例恰当,采用预先制好的构件成品进行安装,这在当时是了不起的成就,形成了木构建筑的顶峰时期。

（4）文人园林兴盛。在三大园林类型中,私家园林造园活动最突出,士流园林全面"文人化",文人园林大为兴盛。

（5）创作风格的转变。唐代园林创作写实与写意相结合的传统风格,到南宋时大体上已完成向写意的转化。

（6）皇家园林气势发生变化。皇家园林受到私家园林影响较大,在造园风格上比任何一个时期都更接近私家园林,缺少皇家气派。

（7）园林数量增加。宋代皇家园林、私家园林和寺观园林的数量超过前朝,且造园手法更加细致、风格清新,达到中国古典园林史上登峰造极的境地。

（二）元朝时期

1. 历史背景

公元1271年,蒙古族建立元王朝,定都大都（今北京）,1279年,元军消灭南宋,完成了中国的统一。公元1368年,元朝被明王朝所灭。到了元朝时期,中国古典园林有了新的发展,虽然当时的国力不及盛唐时强盛,然而,由于朝代的更迭,各个朝代都会在燕京附近修筑新的皇家园林。在建筑艺术上,元代很好地吸纳了各个民族的文化,进一步丰富了园林的形式和内涵。

2. 元朝园林特点

1）对原有的皇家园林进行了增建与改造

在宋金两国对战之际,北方的蒙古族逐渐壮大,据史料记载,南宋开禧二年,铁木真正式完成了对蒙古各个部族的统一,建立了蒙古国,并且自号成吉思汗。公元 1260 年,铁木真的孙子忽必烈在经过了多年的征战后,正式控制了当时中国北方的大部分土地,建元"中统"。开国之初,元朝定都开平,直到至元八年,改国号为"大元",正式迁都燕京,然而,当时的元朝统治者并没有沿用燕京的旧都,而是以金朝的琼华岛离宫为中心,重新进行了新都的规划工作。历时 8 年以后,元朝的都城正式完工,成了继长安城之后又一座气势恢宏的都城。为了进一步满足城市用水的需要,建造者对城市内部的水利系统进行了改造与疏浚,进一步增加了其观赏价值。

在苑囿的设计上,元代都城中,仅在宫城之中设置了一处苑囿,即琼华岛及其周围的地带,当时,将这片区域称为万岁山太液池。在宫殿的设计上,元大都的皇城采用以三组宫殿对苑囿进行围绕的布置,太液池东是大内,其北是禁苑(见图 1-16)。此外,太液池的西南是太后居住的宫殿,据史料记载,此殿被称为"隆福宫",太液池的西北是兴圣宫,为当时太子的居所。在苑囿的建造中,对原有的建筑进行了一系列的增加与改造,其中最为明显的变化是,在元代的殿宇造型上,出现了棕毛殿、畏瓦尔殿以及盈顶殿等全新的形式。此外,在选择殿宇建筑材料的问题上,根据元人的风俗习惯进行了相应的改变,使用了诸如楠木、紫檀、彩色琉璃、大红金龙涂饰、毛皮挂毯以及丝质帷幕等名贵的物品,色彩更加丰富,从而形成了以往所不具备的特色。

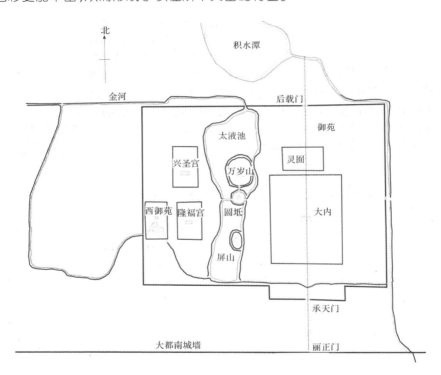

图 1-16　元大都皇城平面示意图(周维权:《中国古典园林史》)

2)私家园林得到了良好的继承与发展

在私家园林方面,元代很好地继承和发展了唐宋时期盛行的"文人园林"。其中,比较著名的私家园林有江苏无锡的清闷阁、河北保定的莲花池、浙江归安的莲庄、苏州的狮子林以及位于元大都西南的万柳园、垂纶亭等。在历史上,关于元代园林的文字记录相对较少,然而,从现今保留的绘画作品上,可以一窥元代私家园林当时的风貌。同时,由于元朝实行等级划分的制度,因此,很多汉族的文人将兴建园林作为自己抒发性情的一种方式,在生活中,他们往往选择在园林中饮酒作乐,比试文采,这种情形的存在,极大地提升了园林的审美情趣与价值。

（三）明清时期

1. 历史文化背景

公元1368年,明王朝灭元并建都南京,永乐十九年(1421年)迁都至北京。公元1644年为满族的清王朝所取代。元代蒙古政权统治时间短暂,民族矛盾尖锐,战乱不断,明初战乱甫定,造园基本处于停滞的阶段,直到明永乐以后才逐渐进入园林发展的第二个高潮阶段,并一直持续到清初。

这个时期是中国古典园林发展的最后一个高峰,也是对前朝各个时期园林艺术的一个总结。明清时期,政治方面,中央集权进一步加强,要求有更严格的封建秩序和礼法制度;经济方面,明中期之后资本主义因素成长,商人社会地位提高,一部分向士流靠拢,出现"儒商合一",社会风俗、价值观念发生变化;意识形态方面,新儒学由宋代理学转化为明代理学,更加注重上下等级之分和纲常伦理规范。明初大兴文字狱,严格控制知识分子的思想,文人士大夫苦闷、压抑,企图摆脱礼教束缚,追求个性解放。明成祖时,都城由南京迁至北京,并确立北京与南京的"两京制"。北京城在元大都的基础上建成,宫城即大内,又称紫禁城,位于内城中央,整个宫城呈"前朝后寝"规制,最后为御花园,宫城外为皇城。内城的街道布置,居住区及商业网点的分布,大抵沿袭大都旧制。清军入关定都北京后,基本沿用明代的宫殿、坛庙和苑林,仅个别有改建、增损和易名,宫城和坛庙建筑的规划格局基本保持明代原貌。清朝皇城情况随清初宫廷规制的改变而有较大变动,嘉庆年间在内城之南加筑外城。

明北京皇城的西苑平面示意图如图1-17所示。

在中国园林的发展历史上,明清两代达到了全盛的时期,在这个时期所建造的园林,真正实现了集美学之大成。在传统园林以水为景、垒石为山的思想下,明代的园林进一步发展出叠石的造园艺术,在园内营造出一种山石峥嵘、危峰深洞的情景,将道家"洞天福地"的思想进一步融入园林的建筑之中。同时,由于当时的经济较为发达,封建文化也有了极大的提升,这对园林艺术的发展产生了深远的影响。其中,文人的书画作品在实际造园的过程中得到了极大的运用,当时,以苏州、杭州、太仓以及南京等地园林为代表的江南宅第园林风靡一时。这些园林皆为文人商贾、归隐的官员所筑,在园林中,极大地体现了美学的思想。

2. 明清时期园林

明代及清代初期是中国园林发展史的全盛时期,园林的艺术成就达到顶峰,这个时期的园林也是现存中国古典园林的主要组成部分。

1)文人造园更为普遍

在文化最为发达的江南,各个山水画派相继崛起,画面构图讲究题词落款,把绘画、诗文和书法三者融为一体。文人造园更为普遍,个别文人甚至成为专业的造园家。造园工匠中更是涌现出一大批技术、涵养极高的造园家。

文人出身的造园家总结的理论著作刊行于世,标志着江南民间的造园艺术成就达到高峰。但乾隆以后造园理论停滞不前,许多精湛的技艺始终停留在匠师口传心授的原始水平上,未能得到系统的提高。

2)园林形成明显的地方风格

在全国范围内,市民艺术渗透园林艺术,不同的市民文化、风俗习惯逐渐形成明显的地方风格。民间造园活动的广泛普及结合各地的风土人文,使得民间的私家园林呈现出前所未有的百花争艳

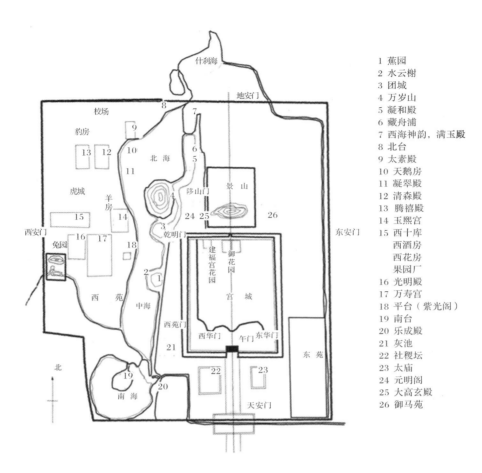

图 1-17　明北京皇城的西苑平面示意图(周维权:《中国古典园林史》)

1	蕉园
2	水云榭
3	团城
4	万岁山
5	凝和殿
6	藏舟浦
7	西海神韵,涵玉殿
8	北台
9	太素殿
10	天鹅房
11	凝翠殿
12	清森殿
13	腾禧殿
14	玉熙宫
15	西十库
	西酒房
	西花房
	果园厂
16	光明殿
17	万寿宫
18	平台（紫光阁）
19	南台
20	乐成殿
21	灰池
22	社稷坛
23	太庙
24	元明阁
25	大高玄殿
26	御马苑

的局面。其中经济发达的江南地区造园活动最兴盛,园林的地方风格最突出。北京成为政治经济中心后人文荟萃,在引进江南园林造园手法的基础上逐渐形成北方园林风格。岭南地区受到江南、江北园林艺术一定的影响,但由于其特殊的气候、物产,又地处海疆,早得外域园林艺术的影响,因此逐渐形成了自己独特的风格。其他地区的园林受到这三大地方园林风格的影响,又出现各种亚风格。不同的地方风格蕴含于园林总体的艺术格调和审美意识之中,同时集中反映各地园林的风格特点,标志着中国园林完全成熟。

3)文人园林发展盛极一时

这一时期私家园林、皇家园林、寺观园林三大园林类型都已经完全具备文人园林的四个主要特点,即简远、疏朗、雅致、天然。文人园林经唐宋的繁荣发展,再度大盛于明末清初。文人画的盛极一时促成了写意创作的主导地位,园林创作完全写意化。

皇家园林经历了大起大落的波折。康乾时期的建设规模和艺术造诣都达到了历史上的高峰,在总体规划和设计上有许多创新,全面引进和学习江南园林,形成南北园林艺术的大融糅。随着封建社会由盛而衰,再经过外国侵略军的焚毁后,皇室再没气魄和财力来营建苑囿,宫廷造园艺术相应一蹶不振,跌落谷底。

4)明清时期园林发展的主要原因

明清在造园艺术上实现了如此高的成就有几个主要原因,可以被归纳为以下两点:艺术理论的

成熟以及大批造园艺术家的涌现。

艺术理论的成熟:造园艺术经过长期的发展,到了明清时期,人们对其所总结出的经验已经逐渐形成了一套完整的造园理论,这种理论的存在,极大地促进了造园业的发展。明代崇祯年间,计成所著的《园冶》是我国第一本专门的园林学著作,这本书将以往造园的原则、技巧以及实际经验全部落实在了文字上,可以帮助人们更好地理解如何进行造园工作,全面地反映了当时的造园水平以及园林的面貌,对于中国造园的发展具有重要的指导意义。

造园艺术家的涌现:在这一时期,出现了大量造园艺术家,他们在园林布局上拥有丰富的创意与构想,极大地促进了园林的发展,例如清代的李渔及张南垣父子,在南北方的大部分地区,都有他们建造的园林。

3. 明清时期的园林特点

根据目前所保留的众多实景可知,在明清时期,中国古典园林和以往相比,出现了三个更为明显的特征:功能更为全面、形式更为多样,艺术性更加明显。

1)功能更全面

经过长期的发展,在明清时期,中国古典园林的功能性进一步得到了提升,园林的功能更加全面,增加了新的内容。据史料记载,明清时期的园林除了具备听政、宴会、受贺、观戏、游园、居住、读书、观赏、礼佛、种花以及狩猎等功能外,为了进一步满足统治者的兴趣,还在园林中设置了商业街市的场景,例如圆明园中的买卖街以及颐和园中的苏州街等。园林功能性增强,几乎包罗了帝王日常生活中存在的全部活动。与此同时,功能的多样化,也进一步扩大了园林的规模。

2)形式多样化

这里所说的形式主要指的是园林内部的建筑形式。在明清时期,进一步吸收了各个民族与地区的建筑风格,因此,在园林建筑形式上,除了有雕梁画栋之外,还有佛寺庙宇以及木屋小筑,形式显得更为灵活多变,在园林中随处都有点缀之物。此外,在园林的布局上,更好地吸收了南北方的园林艺术精华,并且将其因地制宜地汇聚在了一个全新的空间中,显得美轮美奂。在这一点上,圆明三园是一个生动的例子,在圆明三园内,生动地再现了当时江南多个著名园林的建筑特点,有一种"移天缩地"之感。

3)艺术性更为明显

在明清的园林中,高度的艺术性是园林建造的特点之一。在园林的风格、布局以及景物选取等方面,应用了很多美学理论,使得每一个景物都有更好的立体效果。同时,各种美学理论还被应用在园林附属的内部装修以及环境、色彩等方面,,使得园林整体得到更好的统一,实现了中国造园技术的新发展。

第二节
中国古典园林景观的基本类型及特征

作为人类文明的珍贵遗产,中国古典园林被公认为艺术奇观,其中的景观饱含着极高的审美情趣以及深厚的文化底蕴。根据使用目的的不同,可以将其大致划分为皇家园林、私家园林、寺观园林等基本类型。

一、皇家园林

（一）总体介绍

皇家园林是中国古典园林体系中四种基本类型之一,是皇帝、诸侯、皇室所私有的园林。在古籍中,将皇家园林称为"囿""苑""宫苑""御苑"或者"园囿"。

中国古代经历了从奴隶社会向封建社会转变的漫长历史过程,在这个时期,帝王至高无上,皇权是绝对的权威,统治者普遍认为山河都是皇室所有。皇家园林的数量、规模,亦可在一定程度上反映出一个朝代国力的兴衰。魏晋南北朝以后,皇家园林根据其不同的使用情况又有了大内御苑、行宫御苑、离宫御苑的划分。

大内御苑:建置在皇城或宫城之内,紧临皇居,即皇帝的宅园。

行宫御苑:供皇帝游憩或短期驻跸。

离宫御苑:建在都城近郊或远郊的风景优美之处,供皇帝长期居住、处理朝政。

（二）皇家园林的特点

皇家园林普遍具有规模宏大的特点,园林中具有高大的建筑以及富丽堂皇的色彩。因皇室在政治上的特权与经济上的雄厚财力,皇家园林往往占据大面积土地营造,以供皇室享用,皇家园林的规模宏大,远超私家园林和寺观园林。

皇家园林的选址自由,既可包罗原山真湖,如清代避暑山庄,其西北部的山是自然山体,东南面的湖景是由天然塞湖改造而成,亦可叠砌开凿,将人工雕琢的景致布置得宛若天成,例如宋代的艮岳、清代的清漪园。

皇家园林的建筑富丽堂皇。皇家园林作为皇家气派的具体景观表现,将园林建筑的审美价值推到了无与伦比的高度,其体态雍容,色彩华贵,充分体现了华丽高贵的宫廷式审美。皇权的象征寓意体现于宏大规整的景观布置之中(见图1-18)。比较有代表性的皇家园林有北京故宫御花园、宁寿宫花园、建福宫西花园等。

图1-18　北京故宫博物院

1. 北京故宫御花园

作为故宫的标志性建筑之一,御花园位于紫禁城中轴线上,坤宁宫后方。园内建筑采取中轴对称的格局,园内遍植古柏老槐,罗列奇石玉座、金麟铜像、盆花桩景,增添了园内景象的变化,丰富了园景的层次。地面用各色鹅卵石镶拼成福、禄、寿等吉祥图案,假山中,用奇形怪状的太湖石块以"堆秀"的手法堆砌而成的堆秀山最为著名。

据史料记载,御花园始建于明代永乐十八年,虽然在发展过程中有所增修,但始终保留了最初建造时的格局。目前,园林中的殿宇和树石有不少都是明代的遗物。御花园主要用来供帝王游览与休息,同时,也具备祭祀、读书等作用(见图1-19、图1-20)。

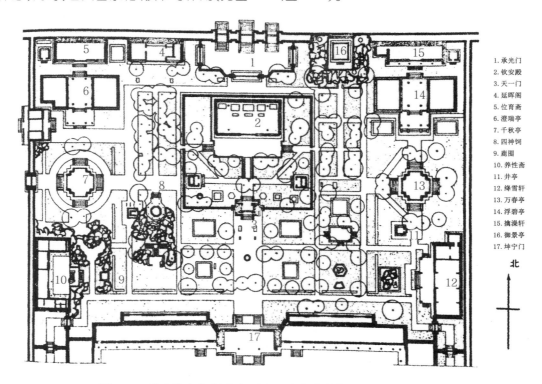

1. 承光门
2. 钦安殿
3. 天一门
4. 延晖阁
5. 位育斋
6. 澄瑞亭
7. 千秋亭
8. 四神祠
9. 鹿囿
10. 养性斋
11. 井亭
12. 绛雪轩
13. 万春亭
14. 浮碧亭
15. 撷芳轩
16. 御景亭
17. 坤宁门

北

图1-19　北京故宫御花园平面图(天津大学建筑系:《清代内廷宫苑》)

2. 宁寿宫花园

花园内的主体建筑是坐北居中的古华轩,院子内部的山石亭台经过布局,有效地营造了一种自然的氛围。在花园西面的禊赏亭中,仿造王羲之在《兰亭序》中描述的"流觞曲水"设置了"流杯渠",更加增添了审美的情趣。

3. 建福宫西花园

整个花园坐北朝南,以延春阁作为中心,在周围建造了敬胜斋、凝晖堂以及碧琳馆等建筑。园内利用游廊将高低错落的建筑相连,很好地体现了其艺术特色,是紫禁城内空间变化最丰富的院落。此外,在布局上,这里没有沿袭左右对称的形式,这在中国古代的皇家园林中较为罕见。建福宫花园平面图如图1-21所示。

（a）鹿囿

（b）养性斋

（c）千秋亭

（d）御景亭

图1-20　北京故宫御花园园林景观节点

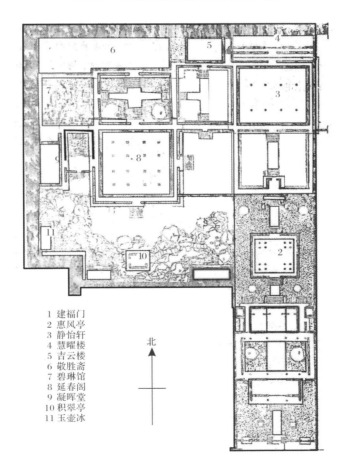

1　建福门
2　惠风亭
3　静怡轩
4　慧曜楼
5　吉云楼
6　敬胜斋
7　碧琳馆
8　延春阁
9　凝晖堂
10　积翠亭
11　玉壶冰

北

图1-21　建福宫花园平面图（天津大学建筑系：《清代内廷宫苑》）

二、私家园林

（一）总体介绍

在皇家园林之外，属于王公贵族、士大夫、富商以及地主等私人所拥有的园林，在中国古典园林体系中被统一称为私家园林，古时也称之为园、园亭、园墅、池馆、山池、山庄、别业、草堂等。封建的礼法制度为了区分尊卑贵贱，对士民的生活和消费方式做了种种限定，逾制和僭越者将被治罪，会受到严厉的制裁。因此，私家园林在内容和形式上和皇家园林有许多不同之处。

最早的私家园林有西汉茂陵的袁广汉园、东汉梁冀的园囿和菟园。

宅园：建置在城镇里的私家园林，依附于府邸作为园林主人日常游乐、宴饮、会客、读书的场所。其规模较小，一般紧邻于宅邸后部，呈前宅后院的布局，或是位于宅邸的一侧形成跨院。

游憩园：少数单独建置，不依附于宅邸。

别墅园：建在郊外的山林风景区域，供主人避暑、休憩或短时间居住。其不受城市用地的限制，规模稍大于一般宅园。

（二）私家园林的特点

私家园林的整体规模较小，一般仅有几亩至十几亩，更小者仅有一亩半亩。因此，要在有限的范围内运用含蓄、扬抑、曲折、暗示等手法设计出深邃的景致，拓宽人们对有限空间的视觉感受。私家园林中建筑面积所占比例小，单体建筑体量不大，装饰风格简洁淡雅，其中的文学艺术作品（匾额、楹联、勒石、诗词书画）之多，意趣之深远，也是有别于皇家园林的。

在古代，很多私家园林建造的目的都与享乐和生活有着密切的关系，经过历代造园者的创造，在造园技术上积累了相应的经验，形成了以人工设计景观点缀园林的体系，具有鲜明的艺术特色。其中，比较有代表性的私家园林有苏州的网师园、个园、鹤园及留园等。

1. 网师园

网师园是苏州中型古典园林的代表作品，园址位于南宋"万卷堂"旧址，当时称"渔隐"，清朝时按原规模修复并增建亭宇。园的东部为住宅，中部为主园，西部为内园（见图 1-22）。住宅部分共四进，自轿厅、大客厅、撷秀楼、五味书屋，沿中轴线依次展开，主厅"万卷堂"屋宇高敞，装饰雅致。园区以水为主，主题突出，环池亭阁与山水错落映衬。园内建筑造型秀丽、精致小巧，池周的亭阁有小、低、透的特点；园内用石按石质不同而分区使用，主园池区用黄石，其他庭院用湖石，不相混杂。网师园布局精巧、结构紧凑、空间尺度比例协调，园内景象小巧精雅、变化丰富，有着较好的艺术效果（见图 1-23）。

2. 个园

个园因主人爱竹，于园中修竹万竿，且"个"字与竹叶形状相似，故得名"个园"。个园以假山堆叠精巧而著称。个园的假山，一部分用黄山石叠成，山腹中有曲折蹬道，堆叠到顶，这是北派的石法；一部分用太湖石叠成，流泉倒影，蜿蜒一角，这是南派的石法。这两种石法，意味着山水画的南北风格交融统一于此园。石垒的山、石造的门、石铺的路,石衬青山秀,石抱参天树,石拥亭台楼,石为园中主体结构。个园的"四季假山"为国内独一例(见图1-24)。

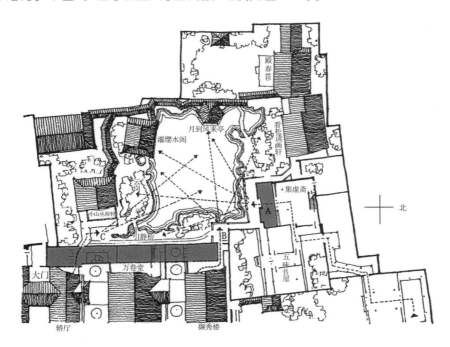

图 1-22　网师园平面图(周维权:《中国古典园林史》)

(a)濯缨水阁

(b)月到风来亭

(c)入院小空间

(d)轿厅入园处

(e)引静桥

(f)殿春簃

(g)砖雕门楼

图 1-23　网师园园林景观节点

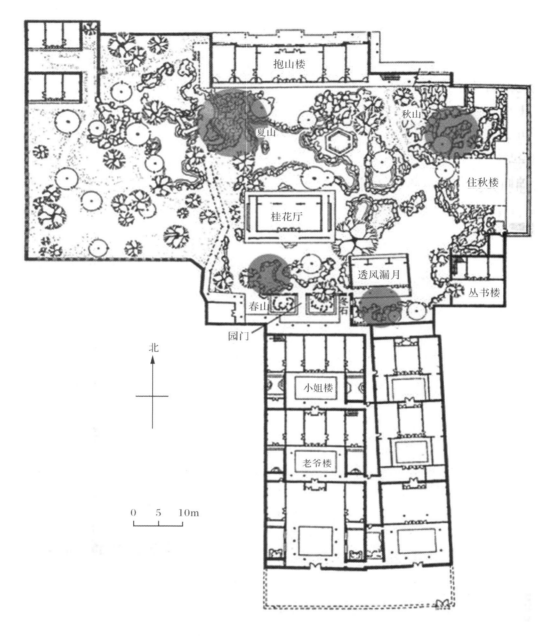

图 1-24　个园平面图(梁宝富：《扬州园林》)

3. 鹤园

　　鹤园总面积 3134 平方米,小巧紧凑,简洁幽雅。东宅西园并列,宅三进。园内水池居中,小桥凌波,竹石花木环池而布,右风亭左月馆隔池相望。北部为主厅"携鹤草堂",因中有"携鹤草堂"的牌匾而得名,前廊东西门楣有庞蘅裳自题砖额"岩扉""松径",典出孟浩然《夜归鹿门山歌》中"忽至庞公栖隐处,岩扉松径长寂寥"句。堂前有湖石"掌云峰",以形名。池南有四面厅额"枕流漱石",与主厅隔水相对。"听枫山馆"又称"鹤巢",隐现于园北翠竹丛中。经过后期的扩建后,鹤园一时间成为文人雅士聚集之地,极富文学色彩(见图 1-25)。

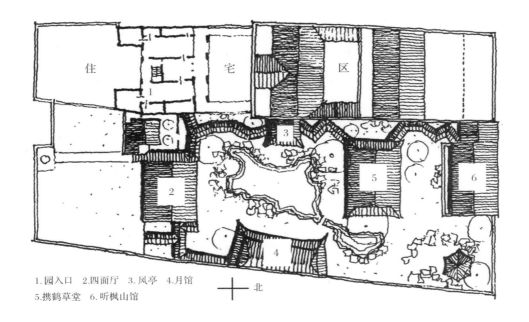

1.园入口　2.四面厅　3.风亭　4.月馆
5.携鹤草堂　6.听枫山馆

十　北

图1-25　鹤园平面图(彭一刚:《中国古典园林分析》)

三、寺观园林

(一)总体介绍

寺观园林包括佛家的寺院园林和道家的道观园林。分为三种类型:寺观外围的园林化、寺观内部的园林化和毗邻于寺观一侧单独建置的园林。作为中国古典园林中的一个重要分支,如果单从数量上讲,寺观园林的数量远远多于皇家园林与私家园林,然而,这类园林的发展往往以宗教世俗化为推动力,因此规模相对较小,且分布较为广泛,大部分分布于名山大川之中。

(二)寺观园林的特点

在中国古代,重现实、尊人伦的儒家思想占据着意识形态的主导地位。无论是外来的佛教还是本土的道教,群众的信仰始终未曾像西方那样狂热、偏执。再者,皇权是绝对的权威,不同于古代西方震慑一切的神权,在中国仙佛相对于皇权而言始终居于次要的、从属的地位。统治阶级虽屡有帝王佞佛或崇道的,但历史上也曾发生过几次"灭佛"的事件,多半出于政治上和经济上的原因。从来没有哪个朝代明令定出"国教",总是以儒家为正宗,儒、道、佛互补互渗。在这种情况下,宗教建筑与世俗建筑没有根本的差异。历史上多有"舍宅为寺"的记载,梵刹紫府的形象无须他求,实际就是世俗住宅的扩大和宫殿的缩小。就佛寺而言,到宋代末期已最终世俗化。它们并不表现超人性的宗教狂热,反之却通过世俗建筑与园林化的相辅相成而更多地追求世间的赏心悦目、恬适宁静。道教模仿佛教,道观的园林亦复如此。从历史文献上记载的以及现存的寺观园林看来,除个别特例之外,它们和私家园林几乎没有什么区别。

寺、观建置独立的小园林一如宅园的模式,讲究内部庭院的绿化,多有以栽培名贵花木而闻名于世的。郊野的寺、观大多修建在风景优美的地带,周围向来不许伐木采薪,因而古木参天,绿树成荫,再以小桥流水或少许亭榭作点缀,形成寺、观外围的园林化环境。正因为这类寺观园林内外环境的雅致幽静,历来文人名士都喜欢借住其中读书养性,帝王以之作为驻跸行宫的情况亦屡见不鲜。

比较有代表性的寺观园林有北京的大觉寺、苏州的西园寺、杭州的灵隐寺以及昆明的圆通寺等。

1. 北京大觉寺

大觉寺以清泉、古树、玉兰、环境优雅而闻名。寺院依山而建,寺内的建筑依据山势层叠而上,主要由中路的寺庙建筑、南路的行宫和北路的僧房所组成,其殿宇多雄伟古朴且规整严谨。此外,在寺内的后山设有一处园林,景色十分别致,叠石流泉,麓林曲径,情趣非凡。北京大觉寺平面图如图 1-26 所示。

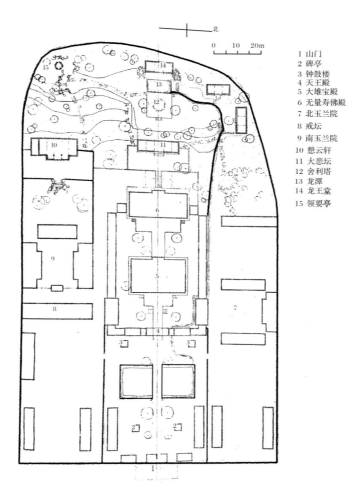

1 山门
2 碑亭
3 钟鼓楼
4 天王殿
5 大雄宝殿
6 无量寿佛殿
7 北玉兰院
8 戒坛
9 南玉兰院
10 憩云轩
11 大悲坛
12 舍利塔
13 龙潭
14 龙王堂
15 领要亭

图 1-26　北京大觉寺平面图(周维权:《中国古典园林史》)

2. 苏州西园寺

西园寺的山门前种植了近万株名木,极具自然美感,寺内的西花园设有放生池,池中建有八角亭,以曲桥作为两岸之间的连接,构筑构思颇为巧妙,将苏州园林小巧玲珑的特色巧妙地融入寺院的建筑之中,进而使得其更加富有文化色彩。

3. 杭州灵隐寺

灵隐寺位于西湖飞来峰旁,是江南著名古刹之一。据史料记载,灵隐寺为印度僧人慧理于东晋所建,至今已有一千六百余年的历史。在五代吴越国时,灵隐寺曾两次大兴土木进行扩建,最终被扩建为拥有九楼、十八阁以及七十二殿堂的大寺(见图 1-27)。

图 1-27   杭州灵隐寺

四、其他园林

(一)公共园林

公共园林是主要利用原有的自然风景进行修整与开发,进一步开辟其中的路径,利用建筑的布置,不必耗费大量的人工即可形成的完善的自然园林景观。

1. 总体介绍

公共园林多建造于经济发达、文化昌盛的地区的城镇、村落,为居民提供公共交往、游憩赏景的场所,有的还与商业活动相结合。它们多数是利用河、湖、水系,再稍加园林化的处理,或是结合城市街道的绿化,又或是依就名胜古迹改造而成。

2. 公共园林的特点

多数公共园林没有墙垣限定范围,呈开放式、外向型布局,与其他园林的封闭式、内向式布局不同。其中,比较有代表性的公共园林有杭州西湖、扬州瘦西湖、南京莫愁湖以及济南大明湖等。

1)杭州西湖

西湖位于杭州西面,是中国大陆主要的观赏性淡水湖泊之一。经过历代设计师的装点,将各种建筑与当地的山林、湖水、溪泉、洞壑以及变幻的四季融为一体。如今西湖与周围 34 个小岛构成一幅巨型的山水盆景,以具有东方园林艺术风格而闻名于世(见图1-28)。

图 1-28　杭州西湖

2)南京莫愁湖

莫愁湖在南京市的水西门外,清朝时,这里曾被称作"金陵第一名胜"。此湖是由于长江与秦淮河的河道发生变迁而形成的,之后,园林设计者根据此处的自然环境进行发挥,在湖畔建筑楼阁,形成了一处著名的园林风景。

3)济南大明湖

作为济南的三大美景之一,位于济南城北的大明湖很好地将湖光山色连成了一片,在大明湖附近修筑的大明寺两面临水,让湖景表现得更富有艺术气息。作为一处天然湖泊,大明湖水来源于城内珍珠泉、濯缨泉、芙蓉泉等诸泉,有"众泉汇流"之说(见图1-29)。

图 1-29　济南大明湖

（二）陵墓园林

陵墓园林主要集中于皇家,历代帝王普遍按照"事死如事生"的原则建造自己的陵墓,因此,大部分陵墓都是仿照皇宫进行修建的,在陵墓附近设置了大面积的陵园。

1. 总体介绍

陵墓园林是为埋葬先人、纪念先人,实现趋吉避凶的目的而专门修建的园林。中国古代社会,上至皇帝,下至皇亲国戚、地主官僚、富商大贾,都非常重视陵墓园林。陵墓园林包括地下寝宫、地上建筑及周边园林化环境。

据历史文献记载,每当举行祭祀活动,尤其是当皇帝举行上陵礼时,旌幡招展、鼓乐齐鸣、车毂辐辏、仪仗浩荡,引来十里八乡之民赏景观光,往往市面收歇、万人空巷。陵墓园林的观赏娱乐价值由此可见。随着时代的发展,一座座陵墓园林已发展成独具魅力的文物旅游胜地,转化为山水园林遗产。人们在凭吊古迹、参观文物的同时,欣赏陵墓园林之美,自有赏心悦目、触景生情之感。

2. 陵墓园林的特点

从总体特点上来看,陵墓园林大多以封土为陵,具有整齐划一的特点,在建造上讲究风水。中国历来崇尚厚葬,生前的身份越尊贵,社会地位越高,死后营造的陵园越讲究,帝王、贵族、大官僚的陵园更是豪华无比。营建陵园要缜密地选择山水地形,园内的树木栽植和建筑修造都经过严格的规划布局。虽然这种规划布局的全部或者其中的主体部分并非为了游憩观赏,而是为了创造一种纪念性的环境与气氛,体现避凶趋吉和天人感应的观念,但是,陵墓园林仍然具有中国风景式园林所特有的山、水、建筑、植物、动物等五大要素,并且在陵墓选址上,以古代阴阳五行、八卦及风水理论为指导,所选山水地理多为天下名胜,风景如画,客观上具备了观赏游览的价值。其中,比较有代表性的陵墓园林有西安的秦始皇陵、遵化的清东陵以及易县的清西陵等。

1)西安秦始皇陵

西安秦始皇陵(见图1-30)是中国历史上第一座规模庞大、设计完善的帝王陵墓。皇陵南依骊山,北临渭水之滨,依山环水,风水极佳。陵区分陵园区和从葬区两部分,大体呈回字形,以封土堆为中心,四周陪葬分布众多,在布局上体现了一家独尊的特点。此种布局反映了秦国尊君卑臣的传统思想。

图1-30　西安秦始皇陵

2）遵化清东陵

清东陵的陵墓区三面环山，留有一面天然的缺口，在缺口处沿路设置了红桩、白桩以及青桩，此外，还建造了 20 里宽的官山，建筑体系完整，是中国现存规模最宏大、体系最完整、布局最得体的帝王陵墓建筑群。清东陵各座陵寝的序列组织都严格地遵照"陵制与山水相称"的原则，既要"遵照典礼之规制"，又要"配合山川之胜势"。

3）易县清西陵

清朝的帝王陵墓在关内有两处，一处在北京城东面，称为东陵，另一处在北京城西面，称为西陵。清西陵是清代自雍正时起四位皇帝的陵寝之地，陵区共有 14 座陵墓，内有千余间宫殿建筑和百余座古建筑、古雕刻。西陵的陵区西面依靠紫荆关，南面面朝易水河，陵区四周层峦叠嶂，十分雅致。

（三）少数民族园林

1. 总体介绍

中国是多民族的国家，一共有 56 个民族生活在这个大家庭里。过去，由于历史条件和地理条件的限制，各民族经济、文化的发达程度存在着极大的差异。汉族占全国人口的百分之九十以上，经济、文化的发展一直居领先地位，园林作为汉文化的一个组成部分早已独树一帜，成为世界范围内的主要园林体系之一。

通常所谓的"中国古典园林"，实际上是指汉族园林。其他少数民族，大部分由于本民族的经济、文化的发展一直处于低级阶段，尚不具备产生园林的条件。即便在房前屋后种植树木花果，也只是为了生产，或者单纯作为花木观赏，尚未能结合其他的造园要素进行有意识的艺术创作。一些汉化程度较深的少数民族所经营的住宅和园林，大多属于汉族园林的某种地方风格的范畴，但即便如此，其也往往在局部表现出本民族的特色。

2. 少数民族园林的实例

云南大理的白族民居大体采取汉族的合院建筑群形制，常见的有"四合五天井"和"三坊一照壁"两个主要类型。后一个类型是由一正房、两厢房和影壁围合而成的院落，影壁（照壁）正对着正房，成为庭院的主景。白族人喜欢莳花，常在影壁前砌筑花坛，栽植花木或放置盆花（见图 1-31）。

（a）某建筑鸟瞰　　　　　　　　　　（b）建筑入口庭院

图 1-31　大理白族民居

云南的傣族较多地受到泰缅文化的影响，上层统治者有豪华的府邸，如景洪的"宣慰府"，其中的园林多少会包含泰缅园林的因素。但这类府邸如今已全毁，园林的具体情况也就不得而知了。

新疆的维吾尔族受伊斯兰文化的影响较深,他们的民居亦表现出明显的伊斯兰建筑风格,与汉族民居大异其趣。但在园林方面,除了住宅和清真寺的庭院内常见的花树种植之外,迄今为止尚未发现具有其民族风格的、完整的园林艺术作品。它们究竟包含多少伊斯兰园林的因素,尚有待于深入调查和发掘。

西藏地区的藏族,清中叶就已初步形成具备独特民族风格的园林,其中一些有代表性的园林作品完整地保存至今。

西藏位于我国青藏高原西南部,平均海拔在 4000 米左右,山脉延绵,湖泊众多。根据中外藏学家的研究,都认为在我国各民族文化中,藏族文化就其系统性和全面性而言仅次于汉族文化,而个别领域如宗教甚至可与汉族并驾齐驱。

大约在清代中叶,西藏地区已经形成了为极少数僧、俗统治阶级所私有的三个类别的园林:庄园园林、寺庙园林、行宫园林。

行宫园林作为达赖和班禅的避暑行宫,分别建在前藏的首府拉萨和后藏的首府日喀则的郊外。在三类园林中,它们的规模最大,内容最丰富,也具有更多的西藏园林的特色。行宫园林是藏族园林艺术初具雏形的标志,"罗布林卡"则是行宫园林最完整的代表作品。罗布卡林平面图如图 1-32 所示。

"罗布林卡"是藏语的译音,意思是"有如珍珠宝贝一般的园林"。它位于西藏拉萨市的西郊,占地约 36 公顷。园内建筑相对集中为东、西两大群组,当地人习惯把东半部叫作"罗布林卡",西半部叫作"金色林卡"。在西藏民主改革以前,这里是达赖喇嘛个人居住的园林,具有别墅兼行宫的性质。

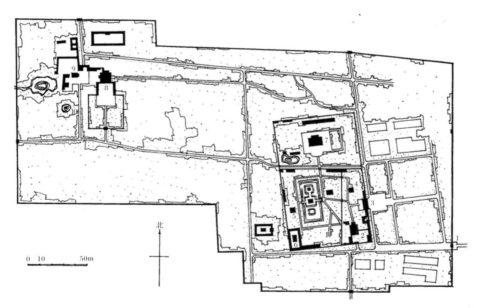

1.大宫门 2.格桑颇章 3.威镇三界阁 4.辩经台 5.持舟殿 6.观马宫 7.新宫 8.金色颇章 9.格桑德吉颇章 10.凉亭

图 1-32　罗布卡林平面图(周维权:《中国古典园林史》)

这座大型的行宫园林并非一次建成,乃是经过二百多年的不断扩建而成为现在的规模。其始建于乾隆年间,当时的七世达赖格桑嘉措体弱多病,夏天常到此处用泉水沐浴治病。清廷驻藏大臣看到这种情况,便奏请乾隆皇帝特为达赖修建了一座供浴后休息用的简易建筑物"乌尧颇章"("颇章"是藏语"殿"的音译)。稍后,七世达赖又在旁修建了一座正式宫殿"格桑颇章",高三层,内有佛

殿、经堂、起居室、卧室、图书馆、办公室、噶厦官员的值房以及各种辅助用房。建成后,经皇帝恩准,每年藏历三月中旬到九月底达赖可以移住此处,处理行政和宗教方面的事务,十月初再返回布达拉宫。这里遂成为名副其实的夏宫,罗布林卡亦以此为基础逐渐地充实、扩大。

罗布林卡的外围宫墙共设六座宫门。大宫门位于东墙靠南,正对着远处的布达拉宫。园林的布局由于逐次扩建而形成园中有园的格局:三处相对独立的小园林建置在古树参天、郁郁葱葱的广阔自然环境里,每一处小园林均有一幢宫殿作为主体建筑物,相当于达赖的小型朝廷。

罗布林卡以大面积的绿化和植物成景所构成的粗犷的原野风光为主调,也包含自由式的和规整式的布局。园路多为笔直,较少蜿蜒曲折。园内引水凿池,但没有人工堆筑的假山,也不作人为的地形起伏,故而景观均一览无余。藏族的"碉房式"石造建筑不可能像汉族的木构建筑那样具有空间处理上的随意性和群体组合上的灵活性。因此,园内不存在运用建筑手段围合景域、划分景区的情况。

总的说来,罗布林卡是现存的少数几座藏族园林中规模最大、内容最充实的一座,目前已成为西藏地区的重要旅游景点之一。它显示了典型的藏族园林风格,虽然这个风格尚处于初级阶段的生成期,远没有达到成熟的境地,但在我国多民族的大家庭里,罗布林卡作为藏族园林的代表作品,不失为园林艺术百花园中的一株独具特色的奇葩。

第三节
中国古典园林景观设计手法概述

在园林景观上,中国古典园林注重与自然相和谐,崇尚"源于自然,高于自然"的建筑要素。虽然在形式上,中国古典园林以自然风景为核心,然而,在实际发展过程中,它并不是对自然景物进行简单的模仿,进而实现自然状态的重现,而是对自然景色进行有意识的加工与改造工作,从而表现出更为简单凝练的自然。然而,这种景观的表现方式也不是在任何时候都可以实现的,它有一系列的限制,例如,只有在颐和园和圆明园那种大型园林体系中,才有可能在北方的土地上重现南方山湖的景观。

一、筑山

在园林内部使用天然的石块和泥土进行假山的堆筑,这种技术称为"筑山"。假山是中国古典园林中著名的景观之一,在它的建筑过程中,建筑工人运用各种各样的造型和纹理,达到让假山具有不同的样貌与感觉的目的。我国的自然风景式园林在西汉初期已有了叠石造山的方法。经过东汉到三国,筑山技术继续发展,两晋南北朝时,士大夫阶层崇尚玄学,虚无放诞,以逃避现实,爱好奇石,寄情于田园、山水之间为"高雅"。因而当时的园林推崇自然野趣,成为一种风习。这是在汉、魏园林的基础上,对自然山水进行了更多的概括和提炼,然后逐步形成的。唐、宋两代的园林,由于社会经济和文化的发展,不但数量比过去增多,而且从实践到理论都积累了丰富的经验,同时还受到绘画的影响,使叠石造山逐步具有中国山水画的特点,成为我国园林风格长期以来的重要表现手法之一。

在这类技术的发展过程中,出现了南派和北派两种不同的风格,其中,南派做出的山,造型更为细腻,花草与山石搭配的更加合理,给人一种风景秀丽的感觉,以山水田园居多(见图 1-33)。而北方因为天气干燥少雨,山石形成浑厚雄壮之感,有一种和南方的阴柔之美不同的阳刚之美(见图 1-34)。

(a)凤来峰堆山叠石景

(b)建筑叠石

图 1-33　南派筑山艺术

(a)御花园堆石景

(b)小山见大山

图 1-34　北派筑山艺术

在筑山艺术中,通常来说,工匠所筑的山的高度大多在八九尺,然而,在这种小型的假山中,工匠们运用其娴熟的技法,也可以营造出峰峦、悬崖、峡谷等景象。一般来说,园林中的假山都是真山的抽象化表现,能表现出其浩大的气势。在中国的古典园林中,筑山艺术的运用有很多效果很好的实例。

二、理水

自然风景中的江湖、溪涧、瀑布等,具有不同的形式和特点,这是我国古典园林理水手法的来

源。在中国古典园林的设计中,水一直以来都是一个非常重要的组成部分,因此,对水源的规划和梳理,也是园林设计中极为重要的一环。在很多园林的建造过程中,注重对水源的梳理与开通,在设计的过程中,工匠们的目标就是把需要修建的水源做成好像自然形成的样子,以此提高园林的审美水准。为了实现这一目的,最常用的方式就是有意识地将水源开凿成蜿蜒曲折的样子,并以山石树木在周遭进行必要的点缀工作,同时,做出一条较大的水脉作为主水源,对于较大的水面,则修建小岛、堤坝或者石矶等景物来对水源进行有效的改造(见图1-35)。

(a)高山流水　　　　　　　(b)山间跌水　　　　　　　(c)驳岸蓄水

(d)空间边界桥跨溪　　(e)空间边界溪涧　　　(f)空间边界源头　　　(g)空间边界流长

图1-35　岭南清晖园理水艺术

　　在中国古典园林系统中,江南一直以来被公认为园林兴盛之地。在江南,因为不缺少水源,因此,绝大多数的园林都拥有丰富的水道,虽然由于地域的限制,江南园林有关水源的构建没有皇家园林丰富,但是其利用山冈与植物对水源进行塑造,使其显得更为精致小巧。尤其是江南盛行的一种利用水面倒影进行景色营造的技巧,以一种完美的视觉艺术征服了当时的世人。此外,江南地区在园林中对水的应用也极为巧夺天工,例如在寄畅园中,利用水流下落形成的回响,造就了独特的"八音涧"(见图1-36),暗合了古典文学中"空谷传响"的意境,拥有如此高超的造园艺术,也就不难理解当时的乾隆帝为何六次出游江南了。受此影响,在理水艺术上,皇家园林也向江南园林进行了学习。

（a）八音涧入口　　　　　　　　　（b）跌泉音涧　　　　　　　　　（c）跌泉入谭

图 1-36　寄畅园"八音涧"

三、布置花木

在园林艺术中,花木作为景观具有极其重要的地位,是组成园景不可缺少的因素。园林最初就是以在帝王的狩猎场内种植珍稀树木而开始的,这一点自汉代的园林就有所体现。因此,在很多地方,园林的景观名称都与植物有着对应的关系。花木既是园中造景的素材,也是观赏的主题。园林中许多建筑物常以周围花木命名,以描述园景的特点。例如承德宫中的"枇杷园""玉兰堂""清风绿坞"以及拙政园中的"远香堂""雪香云蔚"等,都是借助花木进行的命名。

在中国古典园林中,利用花木的季节性构成四季不同的景色,是常用的手法。同时花木的混合布置手法也很重要,一般花木的栽植,大都根据地形、朝向和干湿情况,结合花木自身的生长习性而确定。另外,保留原有古树,使其在园林中发挥作用,也是常用的手法。例如,网师园看松读画轩前的柏树与罗汉松（见图 1-37）,拙政园中部的几株大枫杨。

图 1-37　网师园看松读画轩前的柏树与罗汉松

在园林花木的选择与配置上,与西方园林不同,中国古典园林并不一味地追求整齐,因此,中国

古典园林显得更为灵活,不仅可以选择重复种植一种树种,也可以选择多种树种进行共同种植。同时,在树木的排列上,中国古典园林也不讲究成行的排列,然而,也并不是随意地进行种植。一般来说,都是采取三五成群的方式,表现出一种气象万千的感觉,这种布置,一来可以很好地衬托建筑物,二来可以有效地点缀空间,丰富层次变化。

四、建筑艺术

在建筑景观上,中国园林的建筑普遍追求与自然的良好的融合性,其在园林中具有使用与观赏的双重作用。中国古典园林中建筑的类型颇多,主要有厅、堂、轩、馆、楼、阁、榭、舫、亭、廊等形式。但无论建筑数目多少,在园林设计中都始终坚持将山、水、植物与建筑完美地融合与统一,运用这些元素,相互协调与补充,达到"天人合一"的境界。因此,园林建筑的艺术处理与建筑群的组合方式,对于整个园林来说,显得尤为重要。

在建筑形象上,中国古典园林在世界上具有很高的影响力,它融合了多个民族的园林建筑思想,很好地将传统建筑化整为零,实现了建筑与自然的融合。同时,中国古典建筑通过对建筑内外部空间通透性的运用,进一步加强了建筑内外部的空间联系,有效地将建筑内部的小空间与外部的大空间联系在一起,把人们从有限的建筑空间带入无限的自然空间,进一步丰富了人们关于美的感受(见图1-38)。

图1-38 古典园林中的建筑

为了更好地实现建筑的协调发展,将建筑融入自然景色中,在园林布局上,一系列别致的建筑,例如"亭""廊"等,都具有良好的点缀作用。其中,亭子可以很好地实现在园林中的点缀与观景作用,而且,古代的亭子在建设中大多采用圆顶方底的建筑形象,进一步体现了中国古代思想中天圆地方的思想。此外,在"廊"的应用上,各种各样的游廊,极大地实现了在建筑之间进行空间划分的作用。

第四节
中国古典园林景观代表案例

一、颐和园

作为中国古典园林体系中皇家园林的代表之一,坐落在北京西郊的颐和园占地面积约为 290 公顷,是一座以昆明湖和万寿山为基址,以杭州西湖作为蓝本而修建的超大型山水园林。目前颐和园是我国保存得最为完整的皇家行宫园林,被众多学者公认为是我国的"皇家园林博物馆",也是当今国家重点旅游景点之一。

(一)发展历史

1. 园林历史时期

颐和园位于北京西郊的瓮山,最初,金主完颜亮在这里修建了行宫,后来,随着政权更替,元朝在北京定都后,为了满足此处的用水需要,引神山泉的泉水至此,进一步保证了此地的用水。明朝时,明孝宗命人在此修建了圆静寺,虽然后期寺庙荒废了,然而这里却逐渐建起了大批的园林。后明武宗于此处修建了作为皇家园林的"好山园"。

2. 园林建造时期

清朝乾隆年间,北京附近的园林逐渐增多,进一步加大了用水量。为了皇太后的六十大寿,乾隆命人拓挖西湖,并在西湖周边新挖了养水湖与高水湖,用来作为蓄水库,以此保障皇宫的用水。工程完毕后,乾隆将西湖的名字改为"昆明湖",将瓮山改名为"万寿山"。此工程完毕后,正式开始了清漪园的修建工作。

当时,皇室所使用的设计图出自宫廷画师同时也是建筑大师的郎世宁之手,在园林布局上,体现了"一池三山"的整体布局风格,此图在研究中国古典园林的布局设计方面具有极高的价值。

3. 园林鼎盛时期

公元 1764 年,在耗资 480 万两白银后,清漪园正式建成。在构思上,清漪园沿用了传统文化中"海上三仙山"的布局思想,在昆明湖以及周围的养水湖与高水湖中建筑了三座小岛,即南湖岛、藻鉴堂岛和团城岛,以此寓意蓬莱、瀛洲以及方丈三座传说中的仙山。在总体规划上,颐和园以杭州的西湖作为建筑的蓝本,此外,在颐和园中,还仿制了大量江南地区的山水名胜,例如仿照岳阳楼而建的景明楼、仿照太湖景色而建的凤凰墩、仿照黄鹤楼而建的望蟾阁以及仿照扬州廿四桥而建的西所买卖街等。园内的主体建筑是大报恩延寿寺。

在最鼎盛的时期,颐和园占地约 293 公顷,园林主体由万寿山与昆明湖组成,园中水面的面积占据了整个园林的四分之三。在颐和园内部,主要的建筑都以佛香阁作为中心。据统计,园中拥有景点建筑物 100 余座、古建筑 3555 个、大小院落共计 20 余处,占地面积约为 70000 平方米,此外,共拥有楼、台、殿、阁、榭、廊等形式各异的建筑 3000 余间。在植物方面,院内拥有古树 1600 余株。如今,园内的佛香阁、石舫、长廊、苏州街、谐趣园、十七孔桥等景观都已经成为颐和园的代表性建筑。在艺术水准上,颐和园继承并总结了传统造园艺术的大成,以山水构成其基本的框架,饱含了中国古典园林中皇家园林体系的恢宏气势,良好地体现了"源于自然,高于自然"的造园准则。

4. 园林的破坏与重建时期

清朝道光年间,由于国力衰弱,为了进一步削减开支,道光帝下令撤除三山陈设,自此,清漪园逐渐荒废。直到 1860 年,英法联军纵火烧毁了清漪园。在 1884 年至 1895 年期间,慈禧太后为了休养,借由光绪帝下令,开始了对清漪园的重建工作。由于当时国库的经费有限,于是集中财力对前山建筑群进行了修复,同时,在昆明湖的四周加筑了围墙,修建完工后,正式将名字改为"颐和园",成了清代皇室的离宫。1900 年,在八国联军的践踏下,园内的建筑及文物遭到了极大的破坏,直到 1902 年才修复完成。颐和园虽然在大体上恢复了清漪园的景观,然而,由于财力的限制,在很多工程上,颐和园的质量都有所下降。例如,部分高层建筑由于受到经费的限制,被迫减矮,同时,尺度也相应地有所缩小。同时,由于慈禧太后喜爱苏式彩画,在许多房屋的亭廊上进行了变革,将原有的和玺彩画变更为苏式彩画,这也在细节上对清漪园的原貌进行了改变。在光绪二十六年,八国联军再次洗劫了颐和园,为此,慈禧回到北京后对颐和园进行了二次重建工作。颐和园平面及局部平面图如图 1-39 所示。

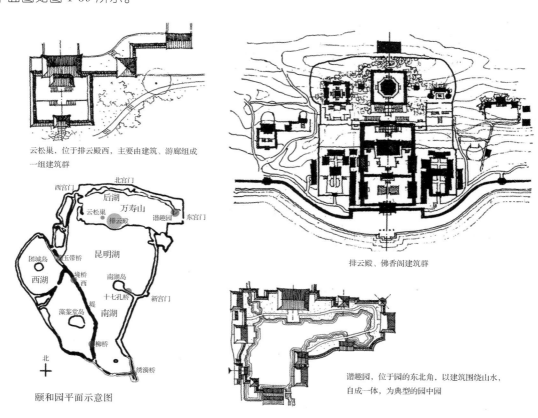

云松巢,位于排云殿西,主要由建筑、游廊组成一组建筑群

颐和园平面示意图

排云殿、佛香阁建筑群

谐趣园,位于园的东北角,以建筑围绕山水,自成一体,为典型的园中园

图 1-39 颐和园平面及局部平面图

(二)园林建筑格局

在园林的建筑格局上,颐和园可以分为行政区、生活区以及游览区三个部分。

1. 行政区

行政区以仁寿殿为中心,是慈禧太后与光绪帝听政以及接见外国使者的地方。

2. 生活区

生活区的面积较大,据史料记载,仁寿殿殿后是三座大型的四合院,分别为玉澜堂、乐寿堂以及宜芸馆,这三座院落分别是光绪帝、慈禧以及后妃们的居所。

3. 游览区

颐和园的游览区是面积最大的区域,从万寿山山顶的智慧海往下,由佛香阁、排云门、排云殿以及云辉玉宇坊等建筑构成了一条层次分明的中轴线。同时,在山下拥有一条700多米长的长廊,在长廊的枋梁上绘有8000多幅彩画,这条长廊也因此被称为"世界第一廊"。在万寿山的后山与后湖拥有面积极大的树林,也有藏式寺庙以及苏州河古买卖街等。颐和园万寿山平面图如图1-40所示。

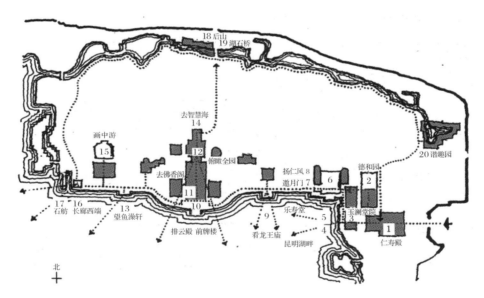

图 1-40　颐和园万寿山平面图(彭一刚:《中国古典园林分析》)

(三)主要景点

1. 仁寿殿

在乾隆与光绪时期,仁寿殿(见图1-41)是皇帝处理政务的地方。在陈设上,仁寿殿沿袭了皇家宫殿特有的陈设形式,颐和园时期的陈设比清漪园时期豪华了很多。如今,殿内陈设中心部分沿用光绪帝时期的原样,在细节上略有变化。殿内原有的文物、家具、图书等,除了在殿内展出外,绝大部分被收入文物库房进行保存。

2. 玉澜堂

玉澜堂是(见图 1-42)一座标准的三合院式建筑,也是颐和园中一处极为重要的遗迹。其正殿玉澜堂采用坐北朝南的传统模式,东配殿霞芬室可到仁寿殿,西配殿藕香榭可到湖畔码头,同时,正殿的后门正对着宜芸馆。光绪二十四年的时候,慈禧发动政变,将支持变法的光绪帝囚禁在这里。

图 1-41　仁寿殿

图 1-42　玉澜堂

3. 乐寿堂

在颐和园的生活区中,乐寿堂(见图 1-43)是主要建筑之一。乐寿堂是一座大型的四合院,曾为慈禧太后的寝宫,这座四合院的大殿为红柱灰顶,垂脊卷棚呈歇山式,甚是堂皇。据史料记载,其原建于乾隆年间,在咸丰十年被毁,后来在光绪十三年得到重建。在地理位置上,乐寿堂紧邻昆明湖,背靠万寿山,西面连接长廊,东面可以到达仁寿殿,是颐和园内极好的居住与游乐的地方。堂阶两侧对称排列铜铸梅花鹿、仙鹤和大瓶,寓"六合太平"之意。

4. 宜芸馆

据记载,宜芸馆(见图 1-44)始建于乾隆年间,在光绪年间得到重修。在乾隆年间,清漪园被乾隆皇帝作为书库,在陈设上具有雅致的特点。直到光绪年间,颐和园被光绪的皇后作为寝宫,当时,由于建筑的功能与主人的身份发生了变化,所以馆内的陈设布置也发生了很大的变化。在 1979 年的古建维修完成后,馆内仅陈放家具。在 1992 年,根据清漪园时的陈设档案,相关人员整理了院内陈列的文物共计百余件。

图 1-43　乐寿堂

图 1-44　宜芸馆

5. 万寿山

万寿山属于燕山余脉,高度为 58.59 米。传说曾有老人在此山凿得石瓮,故名瓮山。它前临西湖,即今天的昆明湖。乾隆十五年,为庆祝皇太后六十寿辰,改名万寿山,并以其为基础建造了颐和园。颐和园中的大部分建筑依仗着山势修筑,在万寿山前山,以佛香阁为中心,组成了巨大的建筑群(见图1-45)。从山脚下的"云辉玉宇"牌楼开始,经过排云门、排云殿、佛香阁,直到山顶的智慧海,构建了一条上升的中轴线。在这条中轴线的东侧有"转轮藏"与"万寿山昆明湖"石碑,在其西侧有铜铸的宝云阁和五方阁。万寿山的后山环境极其富有山林情趣,除了作为佛寺的"须弥灵境"之外,其他建筑物与周遭的景色一起形成了精致的园林。

图1-45　万寿山前建筑群

6. 昆明湖

作为颐和园内的主要湖泊,昆明湖(见图1-46)的面积约为220公顷,占据了园林面积的四分之三。昆明湖的南部湖区具有广阔的水面,湖中建立了形态各异的古建筑。皇帝命人在湖中建造了自西北向南的长堤,此外,还按照古代传说中东海三仙山的模式修建了小岛。在昆明湖上眺望,园内的景色与山水融为一体,是运用借景手法造园的杰出范例。

图1-46　昆明湖

7. 大戏楼

大戏楼(见图1-47)位于颐和园的德和园内,与紫禁城的畅音阁和承德避暑山庄的清音阁合称为清代三大戏台。据史料记载,德和园大戏楼最初是为了庆祝慈禧的六十岁寿辰而修建,修建的目的是专供慈禧太后看戏,在颐和园中,此处的高度仅次于佛香阁。在结构上,戏楼共有三层,还建有后台化妆楼二层,在戏楼的顶板上设有七个"天井",在地板中设有"地井",此外,在舞台底部还设有水井与五个方池。

图 1-47　大戏楼

8. 长廊

长廊位于万寿山南面山脚的长廊,东起邀月门,西到石丈亭,据统计,全长共728米,是中国园林历史上最长的游廊。在1992年,该长廊以世界最长长廊的身份被列入吉尼斯世界纪录。在长廊的每一根枋梁上面都绘有彩绘,彩绘数量共计14000余幅,内容包括山水、花鸟、典故等,画中的人物全部取材于我国的古典名著(见图1-48)。

图 1-48　长廊及廊中彩绘

9. 十七孔桥

十七孔桥(见图1-49)位于东堤与南湖岛之间的昆明湖上,修建之初,其主要用来连接堤岛。作为园中最大的石桥,十七孔桥长150米,宽8米,由17个精美的桥洞组成。石桥的两边栏杆上雕刻了形态各异、大小不同的石狮共计500多只。

图 1-49　十七孔桥

二、拙政园

(一)园林的历史

明正德初年,王献臣以大弘寺的旧址为基础进行拓建,又取晋代潘岳所写的《闲居赋》中的字句,将建成的园林取名为"拙政园"。园中,中亘积水,浚治成池,隙地点缀了花圃、果园、竹丛、桃林等景色。此外,建筑物具有稀疏错落的特点,以水池为中心,亭台楼榭皆临水而建,有的亭榭则直出水中,具有江南水乡的特色,总的格局依然保持着明代园林浑厚、质朴、疏朗的艺术风格。据统计,园内有亭台楼阁共计三十一处,形成了一个以水为主、近乎自然的园林风貌(见图 1-50、图 1-51)。

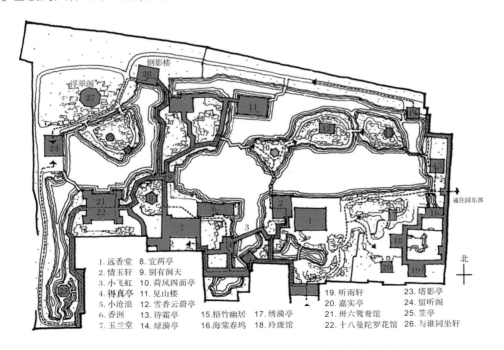

1. 远香堂　8. 宜两亭
2. 倚玉轩　9. 别有洞天
3. 小飞虹　10. 荷风四面亭
4. 得真亭　11. 见山楼
5. 小沧浪　12. 雪香云蔚亭
6. 香洲　13. 待霜亭
7. 玉兰堂　14. 绿漪亭
　　　　　15. 梧竹幽居　17. 绣漪亭
　　　　　16. 海棠春坞　18. 玲珑馆
19. 听雨轩　23. 塔影亭
20. 嘉实亭　24. 留听阁
21. 卅六鸳鸯馆　25. 笠亭
22. 十八曼陀罗花馆　26. 与谁同坐轩

图 1-50　拙政园中部及西部(彭一刚:《中国古典园林分析》)

图 1-51　苏州拙政园

（二）园林的布局

拙政园全园占地 62 亩（1 亩＝666.67 平方米），是苏州古典园林中面积最大的山水园林。在布局上，园区内部分为东园、中园和西园三个部分，其中最精彩的是中园，西园次之，中部、西部与东部形成了三个独立的园区。目前，园中所能看到的建筑大部分是清朝咸丰年间重建。此外，拙政园中的住宅具有典型的苏州当地民居风格。目前园内建有苏州园林博物馆。

1. 中部

拙政园的中部是其主要景区，也是整个园林的精华所在，面积约 18.5 亩。在布局上，中部以水池为中心，所有的亭台皆临水而建，有的亭台甚至直接建造在水中，具有鲜明的江南水乡特色。同时，园中临水布置了高低错落、形体不一的建筑，从总体上看，这些建筑具有主次分明的特点。在园林的总体格局上，拙政园保持了明朝园林所具有的浑厚、疏朗以及质朴的艺术风格。从园中建筑物的名称来看，大都与荷花有所关联，研究者认为，王献臣的这种做法，主要是为了表明自己卓尔不群的清高品格。

2. 西部

拙政园的西部原本是作为"补园"使用，面积约 12.5 亩。在布局上，由于其水面迂回，具有布局紧凑的特点，则依山傍水修建了相应的亭阁。其中，起伏、曲折的水廊与溪涧极好地体现了苏州园林在造园艺术上的造诣。拙政园西部最为主要的建筑是靠近住宅区的"三十六鸳鸯馆"与"与谁同坐轩"，据史料记载，三十六鸳鸯馆是园主人宴饮与听曲的重要场所，馆内陈设十分考究。晴天时由室内的蓝色玻璃窗向外眺望，室外景色犹如一片雪景，极为秀美。此外，三十六鸳鸯馆中修建的水池呈曲尺形，其装饰华丽精美。此外，作为扇亭的与谁同坐轩在实墙上开凿了两个扇形的空窗，分别对着倒影楼与三十六鸳鸯馆，将整个园林完美地连成了一个整体。

3. 东部

拙政园的东部原来被叫作"归田园居",占地约 31 亩。由于园林主人的更替,原有的归园早已经荒废,目前所见的园林全部为新建。在布局上,其以松林草坪、平冈远山、竹坞曲水为主体,配以相应的山池亭榭,保持了园林原有的明快的风格。目前,园内的主要建筑有芙蓉榭、兰雪堂、缀云峰以及天泉亭等,全部为移建。此外,比较著名的次要建筑还有澄观楼、玲珑馆、浮翠阁以及曼陀罗花馆等。

(三)园林的特点

1. 注重对水的利用

根据《归田园居记》与《王氏拙政园记》的记载,拙政园巧妙利用园林的自然条件,形成了望若湖泊的特色。目前,拙政园中部拥有近六亩的水面,占据了园林面积的三分之一。在对水源的利用上,拙政园利用大面积的水面造成园林在空间上的开朗气氛,从而保持了明代园林"池广林茂"的特点。

2. 庭院布局精巧

拙政园内的园林建筑早期大多为单体,到了晚清时期,这种布局发生了巨大的变化。首先表现为游廊画舫与厅堂亭榭等园林建筑数量明显增加。其次,在发展过程中,拙政园的建筑逐渐趋向群体组合的形式。例如小沧浪,在文徵明所绘的拙政园图中,其仅仅是水边的一座小亭,然而,到八旗奉直会馆时期,此处已经形成了一组由得真亭、小飞虹、志清意远、听松风处以及小沧浪等轩亭廊桥组成的水院。在园林山水与住宅之间穿插庭院,较好地解决了二者过渡的问题。此外,在布局上还采用了多空间组合、园中园以及对空间进行分割渗透的方法,从而更好地达到了丰富园林景观的效果。

3. 注重花木的种植

从造园之初,拙政园始终以"林木绝胜"闻名于世。在数百年的发展过程中,这种特点始终被沿袭。在早期拙政园的三十一景中,有三分之二的景观取自植物题材。

(四)主要景点

1. 中花园

1)香洲

在构造上,香洲是"舫"式结构,拥有两层楼舱,通体高雅洒脱,倒映在水中,更显其纤丽雅洁。同时,在思想上,香洲也寄托了文人的情操[见图 1-52(a)]。

2)远香堂

远香堂是一座四面厅,建于原有的若墅堂旧址上,是园内最重要的建筑,也是最理想的赏景点。远香堂为清乾隆年间所建,由于其面水而建,夏日可以赏池中田田荷叶,嗅随风而来的淡淡荷香,别有一番韵味,故名"远香"[见图 1-52(b)]。堂内装饰着透明的玻璃落地长窗,因此即使在堂内也可观赏四周的曼妙景致。

（a）香洲　　　　　　　　　　　　　　　　　（b）远香堂

图 1-52　苏州拙政园中花园景观

3）雪香云蔚亭

雪香借指梅花，云蔚表示花木繁盛。此亭亭旁植梅，暗香浮动，适合于冬末春初之时赏梅，故又被称为"冬亭"。并且亭子周围竹丛青翠，林木葱郁，又有一种山林的趣味。史载此亭是专门供主人赏雪的地方，它恰好与远香堂形成对景——冬天与夏天相对应，高与低相对应，煞是好看。

2. 西花园

1）卅六鸳鸯馆

作为西花园中的主要建筑之一，卅六鸳鸯馆[见图 1-53（a）、图 1-53（b）]采用了古建筑中常用的一种鸳鸯厅形式。其南厅为十八曼陀罗花馆，北厅因曾养过三十六对鸳鸯而得名。馆内采用拱形的顶棚，不仅遮掩了顶上的梁架，同时增强了音响效果，令馆内的回声更加悠长。

（a）卅六鸳鸯馆　　　　　　（b）卅六鸳鸯馆内　　　　　　（c）浮翠阁

图 1-53　苏州拙政园西花园景观

2）浮翠阁

浮翠阁是一座八角形的双层建筑，在园林中极为引人注目。在景观上，山上的林木十分茂密，绿草也极为茂盛，建筑似乎浮动于绿荫之上，因而有了"浮翠阁"的称谓[见图 1-53（c）]。

3. 东花园

1）秫香馆

作为东部的主要建筑，秫香馆室内宽敞明亮，在长窗的裙板上刻有 48 幅木雕，层次丰富，将其点缀得极为古朴。在建成时，秫香馆外是大片农田，每到丰收的季节，秋风都送来阵阵令人心醉的稻谷清香，此馆也因此得名。

2）芙蓉榭

榭是我国古代一种极具美感的建筑形式，主要凭借周围的风景构成，在形式上具有灵活多变的特点。芙蓉榭一半建造在岸上，另一半伸入水面，架于水波之上，是馆内赏荷的好去处。

3）天泉亭

天泉亭是一座具有重檐的八角亭，其出檐高挑，在外部形成回廊，具有庄重质朴的特点。在亭子四周有草坪环绕，亭北的平岗小坡上林木葱郁。

三、狮子园

（一）园林的历史

"狮子园"又名"狮子林"，是苏州四大名园之一，位于苏州市城区的东北角。在规模上，狮子园的平面呈现为东西略宽的长方形，园林占地约 1.1 公顷。因为园内竹林下的怪石形似狮子，同时为纪念天如禅师，后人取佛经中所载的"狮子座"之意，而得名"狮子林"。据史料记载，狮子园始建于元代，是中国古典园林系统中一座极负盛名的寺庙园林。这座园林最初是天如禅师的弟子为了供奉其师而建，并取名为"狮子林寺"，在后来的发展过程中，更名为"普提正宗寺"以及"圣恩寺"等。狮子林的主人几经更换，使得园林也经历了数次变化。在变化过程中，寺、宅、园经历了分分合合，这也使得传统造园技法和佛教思想在狮子园中得到了很好的融合。目前，狮子园已经被列入世界文化遗产，成为国家级的重要旅游景区（见图1-54、图1-55）。

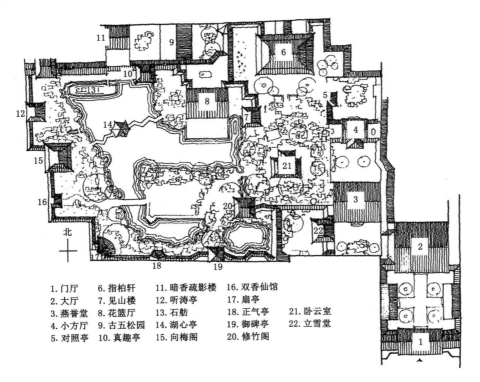

1. 门厅　　　6. 指柏轩　　11. 暗香疏影楼　16. 双香仙馆
2. 大厅　　　7. 见山楼　　12. 听涛亭　　　17. 扇亭
3. 燕誉堂　　8. 花篮厅　　13. 石舫　　　　18. 正气亭　　21. 卧云室
4. 小方厅　　9. 古五松园　14. 湖心亭　　　19. 御碑亭　　22. 立雪堂
5. 对照亭　　10. 真趣亭　　15. 向梅阁　　　20. 修竹阁

图 1-54　狮子园平面图（彭一刚：《中国古典园林分析》）

图 1-55 苏州狮子园湖心亭

（二）园林的布局

在布局上，狮子园分为住宅、庭园以及祠堂三个部分。

1. 住宅

在住宅区的建设上，以主厅燕誉堂为中心，沿北轴线向上设有四个小型庭园，种植了珍贵的花木。同时，厅内东西两侧设置的空窗与窗外的蜡梅、翠竹与石峰共同构成了"寒梅图"与"竹石图"，将厅堂点缀得更富有美感。此外，以九狮峰为主景的九狮峰院，在院落的东西两侧各设置了两个半亭，以敞开与封闭的模式互相对比，突出了石峰。

2. 庭园

在庭园的建设上，狮子园注重多种景观的相互融合。主花园内的荷花厅与真趣亭临水而建，建筑以木质结构为主体，配有精美的雕刻，凸显其美学价值。

3. 祠堂

在园林易主的过程中，贝氏在园林入口处设立了其家族的宗祠，主要包括硬山厅堂二进。

（三）主要景点

1. 石舫

石舫又称旱船，位于狮子林中水池的西北部，据考证，其建于民国初年。在结构上，石舫的中、后舱都是两层，上下有楼梯相通。舫身四面都处于水中，前舱耸起，在屋顶呈现出弧形的曲面，造型逼真（见图 1-56）。

2. 燕誉堂

作为全园主厅，燕誉堂原本是园主宴请宾客所用的地方。在建筑特点上，此厅是苏州园林中比较知名的鸳鸯厅,厅内的梁上站有三位神仙和一位小童,取其吉星高照之意(见图1-57)。

图1-56　石舫

图1-57　燕誉堂

3. 卧云室

作为专供僧人休息与居住的禅房,卧云室共两层,呈凸字形。外墙上、下各设置了6只飞翘的 戗角,造型奇特。在布局上,楼阁周围的空间极为狭小,给人一种仿佛身处重重石壁之中的感觉(见 图1-58)。

4. 指柏轩

指柏轩的全名为"揖峰指柏轩",是狮子园的主要景观之一。指柏轩是园内正厅,在外形上,其 体态高大,四周建有围廊,围廊上有栏杆围合。此外,轩前种植了数株古柏,彰显了与自然融合的感 觉(见图1-59)。

图1-58　卧云室

图1-59　指柏轩

四、留园

（一）园林的历史

留园建造于明万历年间，最初的主人是时任太仆寺少卿的徐泰时，时称东园。后经刘恕改建，在园中建造了"十二名峰"，更名为"寒碧山庄"。咸丰十年，苏州经历浩劫，唯有"寒碧山庄"幸存。同治十二年，新的园主购得该园后进行了相应的修缮工作，修缮完成后，因前园主姓刘，因此称为"刘园"，后来，盛康接手此园，将其名字正式改为"留园"。在盛康之子盛宣怀的经营下，园林的声名愈加壮大，正式成为吴中的著名园林，有"吴下名园之冠"的美誉。20 世纪 30 年代后期，此园逐渐衰落，直至 1953 年，政府出资对其进行了全面的修缮，恢复了其原有的风貌。目前，留园已经被正式列入世界文化遗产，同时也获得了 5A 级景区的荣誉。苏州留园平面图如图 1-60 所示。

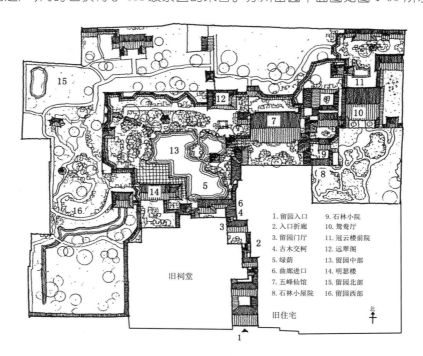

1. 留园入口　　9. 石林小院
2. 入口折廊　　10. 鸳鸯厅
3. 留园门厅　　11. 冠云楼前院
4. 古木交柯　　12. 远翠阁
5. 绿荫　　　　13. 留园中部
6. 曲廊进口　　14. 明瑟楼
7. 五峰仙馆　　15. 留园北部
8. 石林小屋院　16. 留园西部

旧祠堂

旧住宅

北

图 1-60　苏州留园平面图

（二）园林的布局

在布局上，留园主要分为西区、中区以及东区三部分。其中，西区的主要景观为山景，中区的主要景观是交融的山水，东区的主要景观是园内的建筑，构成了典型的江南园林隔水相望的模式。同时，建筑物将园林整体划分为多个部分，各建筑物都设置了多个门窗，可以更好地捕捉与观赏山水画面，从而大幅度地拓宽了视野。

（三）园林的特点

在园林特点上，留园具有收放自然的建筑风格，同时，通过多种手法，很好地将园林内外部联系在一起。

1. 建筑组合方式多样化

在园林内,用长廊和围墙进行了分区与贯通,同时,通过对门窗的利用,很好地实现了各个分区之间景色的相互掩映。利用建筑的方位与明暗的效果,更好地将园林融合成一个整体,实现了欲扬先抑的效果。

2. 内外部空间的利用

在空间的利用上,留园根据不同的意境采取了多种布局相结合的手法,有效地呈现出诗情画意的氛围。例如,在建筑与山池相对时,为了使其更好地融合,取消了面向湖水的整片墙面。通过各种方式,有效地构建了令人赏心悦目的园林景观。

(四)主要景点

1. 明瑟楼

明瑟楼的名字取自我国古代著名典籍《水经注》,因此处的环境高雅清新,给人一种水木明瑟的感觉。在结构上,此楼为二层半间的结构,卷棚单面设置了歇山造。此外,楼上三面均设有明瓦,楼梯被放置在外部,由太湖石砌成(见图 1-61)。

2. 可亭

可亭的名字取白香山可以容膝息肩之意,借指此处的景色可以供游人停留观赏。在外形上,亭子为六角,顶部有飞檐攒尖,像是一只花瓶倒扣其上。经过新中国成立后的整修,如今的亭顶比原有的略尖一些。

3. 西楼

该建筑位于五峰仙馆的西面,在其主人为刘氏时曾命名"西爽",如今俗称西楼。在结构上,该建筑选用的是单檐歇山造,与曲溪楼相通。

图 1-61　苏州留园明瑟楼

第五节
中国古典园林小结

中国古典园林具有悠久的发展历史,在世界造园史上,以独特的风格占据着重要的地位。本章从历史发展的角度对中国造园艺术的演变及其基本特点进行了分析。通过分析发现,在中国古典园林中,对自然山水进行了艺术性地再现,并通过巧妙地设计,将人工美与自然美和谐地融合在一

起。同时,通过中国古典哲学与美学的有关观点,对这一艺术形式的理论与思想基础进行有效论证。

一、园林的发展历史

从园林的发展历史来看,中国古典园林的发展阶段可以分为生成期、转折期、全盛期以及成熟期四个主要环节,这四个环节涵盖从商周到明清时期的中国园林发展过程。其中,商、周、秦、汉时期是中国古典园林的生成期,这一时期,中国古典园林的雏形逐渐出现并得到了一定程度的发展;魏、晋、南北朝时期是中国古典园林的转折期,这一时期,由于受到社会局势的影响,园林的规模与形式发生变化,私家园林与文人园林开始盛行;隋、唐时期是中国古典园林发展的全盛期,这一时期,随着社会的繁荣稳定与思想的活跃,园林的发展呈现出前所未有的繁荣景象;宋、元、明、清时期是中国古典园林发展的成熟期,这一时期,古典园林的体系逐渐成熟,相关的园林专著也逐渐出现,为园林形式与内涵的丰富提供了动力。

二、园林的基本类型

从园林景观的基本类型上看,中国古典园林可以分为皇家园林、私家园林、寺观园林、公共园林、陵墓园林以及少数民族园林六种主要类型。其中,由于有充足的财力支持,皇家园林的规模普遍较为宏大,且园林中的装饰色彩较为丰富;私家园林主要为贵族、士大夫、商人以及地主所有,在规模上,由于受到封建礼数的限制,其与皇家园林的区别较为明显,在建筑风格上,私家园林的装饰较为简洁淡雅,具有深远意趣;寺观园林在建筑风格方面通常较为重视庭院内部的绿化工作,且选址处的风景较为优美,从分布上来看,寺观园林的数量较多,且分布较为广泛,多建于名山大川;公共园林主要依靠建筑地原有的自然风景进行简单的加工,而不用耗费大量的人力物力,因此,公共园林的布局多为开放式;陵墓园林主要以皇室园林居多,由于中国自古以来讲究厚葬,因此,陵墓园林的布局与选址较为考究,涉及大量的古典文化理论;由于受到经济发展与地理条件的限制,少数民族园林的建筑风格多具有浓郁的地方与民族文化特色。

三、园林景观设计手法

在园林景观的设计手法上,主要包括筑山、理水、布置花木以及建筑艺术这四种方式。其中,筑山指在园林内部使用天然的石块和泥土进行假山的堆筑,从而满足园林设计的要求;理水指对园林内部的水源进行规划与处理工作;布置花木主要是利用花木所具有的季节性构成园林四季的不同景色;在建筑艺术上,主要追求建筑与自然之间的融合,从而确保建筑具有使用与观赏的双重作用。

第二章
佛禅印象之日本园林景观

第一节
日本园林的发展历程

　　日本园林又称"和式园林",以雅致、静谧、深邃、曲折的艺术风格闻名于世。日本历史分古代、中世、近世和现代四个阶段,每个阶段又分成若干朝代(时代)。日本园林历史据此分成古代园林、中世园林、近世园林和现代园林四个阶段。古代园林指大和时代、飞鸟时代、奈良时代和平安时代的园林;中世园林指镰仓时代、室町时代和南北朝的园林;近世园林指桃山时代和江户时代的园林;现代园林指的是明治时代以后的园林,包括明治、大正、昭和及平成时代的园林。

一、古代园林

(一)奈良时代园林景观特色

　　据历史记载,公元 57 年(东汉初年)日本使者来中国进贡,汉光武帝赐其"汉倭奴国王"金印一枚,日本开始受到中国文化影响。公元 8 世纪,日本的《古事记》和《日本书纪》中记载有历代皇居中宫苑的鳞爪,可以了解到日本古代苑园的概貌。公元 552 年佛教经中国传入日本,高度繁荣的中国文化也随之流传到日本,促进了日本文化的觉醒。奈良时代的贵族憧憬中国的文化,汉代的"一池三山神仙境"也影响到日本的文学和庭园。根据对奈良时代园林遗址的发掘,证实当时的园林已初具规模,其基本要素是自然山水型的池和岛。以摹写海景为主题,在池中设岛,并修筑瀑布和溪流,可视为日本池泉庭园的起始。

(二)平安时代园林景观特色

　　公元 794 年日本进入了辉煌的平安时代。平安京山水优美,多池塘、涌泉、丘陵,植物丰富,岩石质良,自然条件优越,非常有利于园林的发展。平安时代中期,日本宫廷贵族仿效中国宫殿建筑,创造了日本的寝殿建筑,结合自然的泉池,产生了与其相配的寝殿造庭园,这种园林是当时统治者享乐的场所。在平安时代的寺庙中,盛行净土庭园。日本京都平等院(见图 2-1)创建于公元 11 世纪中期,该庭院引入宇治川水,依佛教末法之境,在水池之西建造阿弥陀堂,水池之东则建构象征现世的拜殿,打造"净土庭园"之喻,其规格成为后来日式庭园的参考指标。

　　无论是宫廷贵族的寝殿造庭园,还是佛家的净土庭园,都采用舟游式池泉庭园的园林形式,成为平安时代庭园的一个重要类型。

二、中世园林

(一)镰仓时代园林景观特色

　　镰仓时代的园林作品多,遗存也多,整个朝代,武家政治造成社会动荡,人们试图远离尘世的不

图 2-1　日本京都平等院平面图

安,遁入佛家世界。因此,寺院园林大盛,依然维持前朝的净土园林格局,具体做法还是在中心设水池,以卵石铺底,立石群、石组、瀑布等。景点布局从舟游式向洄游式发展,舍舟登陆,依路而行,大大增加了游览乐趣。后期流行的禅宗思想,使一大部分寺院改换门庭,归入禅林。在寺园改造和新建的过程中,用心字形水池表示以心定专一,力求顿悟,同时产生了禅宗影响之下的枯山水,创始人为梦窗疎石。虽然从考证古园的时间上看,梦窗国师在这一时代的创作多为池泉园,作为枯山水的作品并未出现,可能有零星的尝试而未流传,或毁后未得到记载。但可以说,枯山水的思想已经产生了,只不过真正成形的园林实例我们现在未找到。后来南北朝的西芳寺庭园、临川寺庭园等都是枯山水的实例。

(二)南北朝时期园林景观特色

镰仓时代之后,是日本的南北朝时期。这一时期的园林特色最重要的是有关枯山水的实践。枯山水与真山水(指池泉部分)并存于一个园林中,真山水是主体,枯山水是点缀。池泉部分的景点命名常带有禅宗意味,喜用禅语,枯山水部分用石组表达,主要用坐禅石表明与禅宗的关系,其中西芳寺庭园(见图 2-2)采用多种青苔喻大千世界。

图 2-2　西芳寺枯瀑布石组

(三)室町时代园林景观特色

室町时代,园林风尚发生了本质的变化,从园主身份上看,武家和僧家造园远远超过皇家。从类型上看,前朝产生的枯山水在此朝得到广泛的应用,独立枯山水出现,室町末期,茶道与庭园结合,初次走入园林,成为茶庭的开始,书院建造在武家园林中崭露头角,为即将来临的书院造庭园揭开序幕。从手法上看,轴线式消失,中心式成为主流,以水池为中心成为时尚,枯山水独立成园,枯山水立石组群的岩岛式、主胁石成为定局,如龙安寺庭园(见图 2-3、图 2-4)。从传承上看,枯山水与池泉并存,或池泉为主,只设一组枯瀑布石组的多种园林形式都存在,表明枯山水风格已经形成并独立出来,特别是枯山水本身式样由前期的受两宋山水画影响发展到此时的模仿本国岛屿和富士山都是其日本本土化的表现。从景点形态上看,池泉园的临水楼阁和巨大立石显出武者风范。从游览方式上看,舟游渐渐被洄游取代,园路、铺石成为此朝代划分景区与联系景点的主要手段。

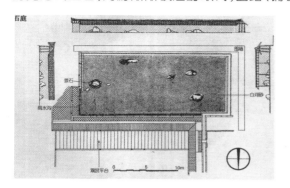

图 2-3 龙安寺庭园平面图

图 2-4 龙安寺庭园

三、近世园林

(一)桃山时代园林景观特色

桃山时代的建筑与前朝室町时代的"潇洒飘逸"相比,显出具强视觉刺激和豪放辉煌的特点。桃山时代是以人为中心的时代,而不是以宗教为中心的时代,于是,人情味进入了建筑和园林。在建筑上完成了前代形成的书院造,进一步完善了书院造园林。首先在武家园林中表现得最为明显,然后影响到皇家园林。园林采用夸张的巨石,显示主人搬运的力量,以雄健的石桥和浓绿的苏铁,以及龟鹤形和蓬莱式岛屿综合表达了吉祥和繁荣。

图 2-5 曼殊院庭园

桃山时代的园林有传统的池庭、豪华的平庭、枯寂的石庭、朴素的茶庭。桃山时代,武家园林中人的力量的表现有所加强,书院造建筑与园林的结合使得园林的文人味渐浓。这一倾向也影响了后来江户时代的皇家园林和私家园林。但是,由于皇家园林和武家园林仍旧以池泉为主题,且这一时期持续时间不长,这一倾向只露出个苗头就消失了。从茶室露地的形态看来,枯味和寂味仍旧弥漫在园林之中,与明朝的以建筑为主的诗画园林相比,显而易见地是以自然意味和枯寂意味为重,日本京都的曼殊院庭园是这一时期的园林代表(见图2-5)。

(二)江户时代园林景观特色

江户时代的园林,从园主来看表现为皇家、武家、僧家三足鼎立的状态,尤以武家造园为盛,佛家造园有所收敛。从园林类型上看,茶庭、池泉园、枯山水三驾马车齐头并进,互相交汇融合,茶庭渗入池泉园和枯山水,呈现胶着状态。从游览方式上看,随着枯山水和茶庭的大量建造,坐观式庭园出现,虽有池泉但观者不动,但因茶庭在后期游览性的加强,以及武家池泉园规模扩大和内容丰富等诸多原因,洄游式样在武家园林中一直未衰,只是增添坐观式茶室或枯山水而已。位于日本京都市右京区桂清水町桂川岸边的桂离宫为三大皇家园林之首(见图 2-6、图 2-7),作为日本古典园林的第一名园,被认为是日本独一无二的建筑,堪称日本建筑艺术的精品。

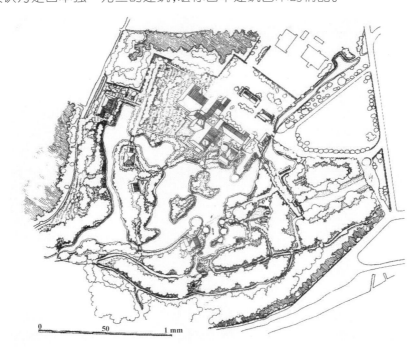

图 2-6　桂离宫平面图

(a)天桥立

(b)松琴亭

(c)赏花亭

(d)中书院

图 2-7　桂离宫景观节点

四、现代园林

明治时代,神道教飞速发展,神社园林也得以建设,如平安神宫庭园就是典型神社园林。明治时代的私家园林是伴随古园开放和公园诞生而发展的,随着战国大名的灭亡,私家园林不再是武家的代表,而是发展为一般的别庄园林,如无邻庵庭园等。这时期在政治上提倡与民同乐,与武家专制思想相反,迎合了当时的资本主义民主革命。在园林上最大的革命是公园的诞生。

大正、昭和时期及以后,园林建设既具有传统精神,又具有现代精神。特别是 20 世纪 60 年代之后的造园运动更以回归传统为口号,给日本庭园打上了深深的大和民族烙印。

总的来说,飞鸟时代和奈良时代是中国式自然山水园的引进期;平安时代是日本化园林的形成期以及三大园林(皇家园林、私家园林和寺院园林)在个性化上分道扬镳的时期;中世的镰仓时代、南北朝时代和室町时代是寺院园林的发展期;近世的桃山时代是茶庭的发展期;近世的江户时代是茶庭、石庭与池泉园的综合期。

也可以说,飞鸟、奈良时代是中国式山水园的舶来期;平安时代是日本式池泉园的和化期;镰仓时代、南北朝、室町时代是园林佛教化的时期;桃山时代是园林茶道化的时期;江户时代是佛法、茶道、儒意的综合期。

第二节
日本园林的艺术特色

一、自然意境

日本园林以其清纯、自然的风格闻名于世,有别于中国园林的"人工之中见自然",它是"自然之中见人工"。日本园林着重体现和象征自然界的景观,避免人工斧凿的痕迹,创造出一种简朴、清宁的致美境界。在表现自然时,日本园林更注重对自然的提炼、浓缩,创造出能使人入静入定,产生超凡脱俗之感的环境,从而具有耐看、耐品、值得细细体会的精巧细腻,含而不露的特色,并具有突出的象征性,能引发观赏者对人生的思索和领悟。

二、写意风格

日本园林讲究写意,意味深长,常以写意象征手法表现自然,构图简洁,意蕴丰富。其典型表现多见于小巧、静谧、深邃的禅宗寺院的"枯山水"园林。在园林特有的环境气氛中,以细细耙制的白砂石铺地,叠放几尊错落有致的石组,便能表现大江、大海、岛屿、山川。不用滴水却能表现恣意汪洋,不筑一山却能体现高山峻岭、悬崖峭壁。同音乐、绘画、文学一样,园林可表达深沉的哲理,体现大自然的风貌特征和含蓄隽永的审美情趣。

三、清寂氛围

日本的自然山水园具有清幽恬静、凝练素雅的整体风格。尤其是日本的茶庭，"飞石以步幅而点，茶室据荒原野处。松风笑看落叶无数，茶客有无道缘末知。蹲踞以洗心，守关以坐忘。禅茶同趣，天人合一。"其小巧精致，清雅素洁，不用花开点缀，不用浓艳色彩，一概运用统一的绿色系装饰。为了体现茶道中所讲究的"和、寂、清、静"和日本茶道美学中所追求的"佗"美和"寂"美，在相当有限的空间内，要表现出深山幽谷之境，给人以寂静空灵之感。在空间上，对园内的植物进行复杂多样的修整，使植物自然生动，枝叶舒展，体现天然本性。

四、植物配置

日本园林的四分之三都由植物、山石和水体构成，在种植设计上，日本园林植物配置的一个突出特点是：同一园中的植物品种不多，常常以一二种植物作为主景植物，再选用另一二种植物作为点景植物，层次清楚，形式简洁，十分美观。选材以常绿树木为主，花卉较少，且多有特别的含义，如松树代表长寿，樱花代表完美，鸢尾代表纯洁等。

1. 以常绿树为主，少花木

(1)高大常绿乔木与经修剪整形的灌木形成对比。
(2)针叶林高、阔叶林低，让阳光透过针叶林照在阔叶林上，达到好的光影效果。
(3)选用一种植物成丛、成林地种植，体现群体美。
(4)松树最受欢迎，姿态优美者常安置在主要位置或构图中心。
(5)注重形态美、色彩美，在常绿树群中种一棵枫树或在树丛前加一形态优美的落叶乔木。

2. 配植注重与环境的融合

(1)泷口配置有乔、灌木丛，部分遮掩瀑布，以求变化，增进景深。
(2)石灯笼旁种植树木，用枝叶半遮光射。
(3)池后有树木，形成倒映。
(4)桥头、庭门处有树荫遮挡。

五、佛禅影响

公元538年的时候，日本开始接受佛教，并派一些学生和工匠到中国学习内陆艺术文化。13世纪时，源自中国的另一支佛教宗派——禅宗在日本流行。为反映禅宗修行者所追求的苦行及自律精神，日本园林开始摒弃以往的池泉庭园，使用如常绿树、苔藓、沙、砾石等静止不变的元素营造枯山水庭园，园内几乎不使用任何开花植物，以期达到自我修行的目的。

与中国古典园林受到儒家和道家的影响不同，日本古典园林主要是受到佛教尤其是禅宗的影响。可以说，中国古典园林追求的是现世享乐的世俗审美情趣，而日本古典园林则崇尚来世，从而追求否定现世的怆苦的意境美。相对于中国古典园林来说，日本古典园林所给予人的是来自心灵深处的震撼。

禅宗对日本文化的影响远甚于其对中国文化的影响。禅宗的教义迎合了当时日本社会文化修

养水平较低的武士阶层的精神需求,得到了幕府的保护,迅速发展成日本社会文化意识的主流,影响甚至主宰了日本社会生活的方方面面。

第三节
日本园林景观风格类型

一、枯山水

枯山水又叫假山水,是日本特有的造园手法,系日本园林的精华。其本质意义是无水之庭,即在庭园内铺白砂,缀以石组(见图2-8)或适量树木,因无山无水而得名。

图 2-8　石组示意图

二、池泉园

池泉园(见图2-9)是表现水池和泉流为主的园林形式,偏重于以池泉为中心的园林构成,体现了日本的本质特征,即海岛国家的特征。园中常以水池为中心,布置岛、瀑布、土山、溪流、桥、亭、榭等。

三、筑山庭

筑山庭是以山为重点来构建庭院景观,以石组、树木、飞石、石灯笼和在庭园内堆土筑成假山进行庭园布置(见图2-10)。日本庭院中多有池泉园,筑山庭并不是最常见的。日本人常称筑山庭中的园山为"筑山"或"野筋",意为坡度缓和的土丘,在日本早期也叫作假山,到了江户时代才称之为筑山。

图 2-9　池泉园

图 2-10　筑山庭

四、平庭

　　平庭一般是在较为平坦的园地上进行布置,有的在地面分散地设置一些大小不一的石组,有的堆以土山,加以石灯笼、植物和溪流,模拟出原野和谷地,其中岩石象征真山,树木代表森林(见图 2-11)。平庭中也有枯山水的做法,用平砂模仿水面。芝庭、苔庭、砂庭、石庭等则是根据庭园内敷材(铺垫在下面的材料)的不同而进行的分类。

图 2-11　平庭

五、茶庭

　　茶庭的面积较小,一般是在步入茶室前的一段场地中进行各种景观营造,也可设在筑山庭和平庭之中(见图 2-12)。外腰挂是日本茶庭中的功能性建筑[见图 2-13(a)],译成汉语就是等候处,是茶事活动被邀客人休息等待的地方。相对外腰挂,还有内腰挂,外腰挂在外露地,内腰挂在内露地。露地即茶庭,取自"脱离一切烦恼,显露真如实相之故,谓之露地"。(千宗旦《茶禅同一味》)

　　茶庭通常设有蜿蜒曲折的道路[见图 2-13(b)],起伏不平的路面,道路两旁以山石点缀,以此来

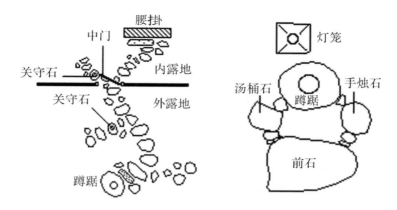

图 2-12　茶庭的平面布局

营造深山幽谷的意境。园林造景的布置是以裸露的步石象征崎岖的山间石径,以地上的松叶象征茂密森林,以蹲踞式的洗手钵象征圣洁泉水[见图 2-13(c)],以寺社的围墙、石灯笼来模仿肃穆清静的古刹神社。在道路和石头的两侧种植低矮的植物,以示山林。在茶庭中布置假山、池塘和溪流,并以石灯为辅,营造流水潺潺的氛围,给人以安静、和谐的整体印象。孤篷庵寺院为禅院茶庭的代表[见图 2-14(a)],桂离宫为书院式茶庭的代表[见图 2-14(b)]。

（a）茶庭腰挂

（b）茶庭道路

（c）茶庭洗手钵

图 2-13　茶庭节点

（a）孤篷庵寺院

（b）桂离宫

图 2-14　茶庭类型

Yuanlin Jingguan Sheji Jianshi

第 三 章
规则式建筑之
东方伊斯兰园林景观

第一节
印度伊斯兰园林景观的起源

一、伊斯兰园林产生的背景

伊斯兰文化是随着伊斯兰教的扩张而形成和发展起来的。6世纪末,穆罕默德一手高举《古兰经》,一手挥舞战刀,在短短的几个世纪内建立起一个超过全盛期罗马帝国疆域的大帝国——阿拉伯帝国。所以说,阿拉伯人的崛起和伊斯兰教紧密相关,阿拉伯园林在某种意义上也可以算是伊斯兰园林。

伊斯兰园林以古巴比伦和古波斯园林为渊源,十字形庭园为其典型布局方式,是封闭建筑与特殊节水灌溉系统相结合,富有精美细致的建筑图案和装饰色彩的阿拉伯园林。

二、阿拉伯园林景观的特征

阿拉伯中世纪建筑艺术是饮誉世界的东方三大建筑艺术之一,它融建筑、美术、园艺于一体,是阿拉伯文化中的奇葩。阿拉伯人信奉伊斯兰教,他们的宗教思想深深地浸渍到园林艺术中,形成了具有理想色彩的"天园"艺术模式。阿拉伯人心中的乐园是"下临贯穿的河渠果实长年不断,树荫岁月相继",《古兰经》中类似的描绘比比皆是。随着阿拉伯帝国的建立与伊斯兰教的传播,"天园"艺术模式从书上搬到了地上。

阿拉伯人原是沙漠上的游牧民族,对绿洲和水的特殊感情在园林艺术上有着深刻的反映,另一方面又受到古埃及的影响,从而形成了阿拉伯园林的独特风格:建筑物大半通透开畅,园林景观具有一定的幽静气氛。

第二节
印度伊斯兰园林景观

随着阿拉伯帝国的东征,17世纪,印度成为莫卧尔帝国的所在地,传统的印度园林融入了伊斯兰文化,形成了印度伊斯兰园林。莫卧儿帝国统治时期是印度伊斯兰式园林的鼎盛时期。莫卧儿帝国的创建者巴布尔爱好园林,他建了许多花园,最著名的是"诚笃园"(今已不存)。这是一个典型的伊斯兰园林,房屋处在园林的一端,以十字形的水渠将方型花园分为四块花圃。在十字形水渠交叉处有水池和喷泉,花圃为下沉式,种树木和花卉。其后三个国王的陵园,胡马雍陵、阿克巴陵和日汉喆陵,都是伊斯兰式的墓园。其形式同伊斯兰园林相似,墓居墓园中央,以十字形道路代替十字形水渠,花圃不做下沉式的。沙·杰汗在德里建造的红堡,内有大小五六个花园,都是正方形的,由十字形水渠划分为四块,花圃是下沉式的,水渠里有喷泉。园侧的敞厅里,墙裙上用珍贵的彩色石块镶嵌出花开的图案,使室内外达成和谐的意趣。沙·杰汗建造的泰姬陵开创了墓园布局新形式,将墓穴置于墓园一端,整个花园展现在墓前。

一、泰吉·玛哈尔陵的建造背景

泰姬陵(见图 3-1)全称为"泰吉·玛哈尔陵",是莫卧儿帝国的著名建筑,位于今印度距新德里200 多公里外的北方邦的阿格拉（Agra）城内,亚穆纳河右侧,是莫卧儿帝国国王沙杰汗为他死去的皇妃蒙太姬修建的陵墓。泰姬陵始建于公元 1631 年,1653 年建成。它由殿堂、钟楼、尖塔、水池等构成,通体用纯白色大理石建筑,用玻璃、玛瑙镶嵌,绚丽夺目,有极高的艺术价值,是伊斯兰建筑中的代表作。

二、泰吉·玛哈尔陵的景观特色

泰姬陵最引人瞩目的是用纯白色大理石修建而成的主体建筑,皇陵上下左右工整对称,中央圆顶高六十二米,令人叹为观止。它四周有四座高约四十一米的尖塔,塔与塔之间耸立着镶有三十五种不同类型的半宝石的墓碑。陵园占地十七公顷,呈长方形,四周围以红砂石墙,进口大门用红岩砌建,大约两层高,门顶的背面各有十一个典雅的白色圆锥形小塔。大门一直通往沙杰罕王和王妃的下葬室,葬室的中央摆放着他们的石棺,庄严肃穆。泰姬陵的前面是一条清澄的水道,水道两旁种有果树和柏树,分别象征生命和死亡。

图 3-1　泰姬陵

泰姬陵在一天不同的时间里和不同的自然光线中显现出不同的特色。虽然它是一座陵墓,可它却没有通常陵墓所有的冷寂,相反你能感到它似乎在天地之间浮动。它十分和谐对称,花园和水中倒影融合在一起创造的景观令无数参观者惊叹不已。泰姬陵的建造历时 22 年,估计有 2 万名工匠参与,据说一位法国人和一位威尼斯人参与了工程的部分工作。至今没有一位建筑师被记录为肯定参与了陵墓的建造——这对这个建筑物是很适宜的,因为建造它的本意只在于让人们记住陵墓里的人。

泰姬陵是用从 322 公里外的采石场运来的大理石造的,但它却不是有些照片里的那种纯白色建筑。成千上万的贵重宝石和半宝石镶嵌在大理石表面,陵墓上的文字是用黑色大理石做的。阳光照射在围栏上时,会投下变化纷呈的影子。从前曾有银制的门,里面有金制栏杆和一大块用珍珠串成的布盖在皇后的衣冠冢上(它的位置在实际埋葬地之上)。窃贼们偷去了这些珍贵的东西,还有许多人曾企图挖取镶嵌在大理石栏上的宝石,但泰姬陵的雄伟壮丽仍使人为之倾倒。

泰姬陵坐落在一个风景区内,庄严雄伟的门道象征着天堂的入口,上方有拱形圆顶的亭阁。泰姬陵占地甚广,由前庭、正门、莫卧儿花园、陵墓主体以及两座清真寺所组成。陵墓主殿四角都有圆柱形高塔(见图 3-2)一座,特别的地方是每座塔均向外倾斜 12 度,若遇上地震只会向四周倒下,而不会影响主殿。

无论从哪个角度望去,纯白色的泰姬陵均壮丽无比,造型完美,加上陵前水池中的倒影,就像有两座泰姬陵互相辉映。陵墓的四周砌有长 576 米、宽 293 米的红砂石围墙,中间有一个十字形水池,水池中心为喷泉。从陵园大门到陵墓,有一条用红石铺成的直长甬道,甬道尽头就是全部用白色大理石砌成的陵墓。陵墓建筑在一座 7 米高、95 米长的正方形大理石基座上,寝宫居中,四周各有一座 40 米高的圆塔。寝宫高 74 米,上部为一高耸的穹顶(见图 3-3),下部为八角形陵壁。宫内墙上,珠宝镶成的繁花佳开光彩照人。寝宫分五间宫室,中央宫室里放置着泰姬和沙·贾汗的大理石石棺。陵墓的东西两侧屹立着两座形式相同的清真寺翼殿,用红砂石筑成。

图 3-2 圆柱形高塔图

图 3-3 穹顶图

泰姬陵建筑的艺术水平很高,集中了印度、中东及波斯的艺术特点。整座建筑体形雄浑,轮廓简洁。由于它坐落在具有一片常绿树木和草坪的陵园内,在碧空和草坪之间,洁白光亮的陵墓更显得肃穆、端庄、典雅。陵墓中的莫卧儿式花园是一个典型的波斯式花园(Persian Garden),位于主体前方,中央有一水道喷泉,两行并排的树木把花园划分成 4 个同样大小的长方形,因为"4"字在伊斯兰教中有着神圣与平和的意思。陵墓主体建筑呈八角形,中央是半球型的圆顶,整座主体都以沙贾汗最喜欢的白色大理石所建,在白色的大理石上则镶满了各种颜色的宝石,拼缀成一些美丽的花纹与图案。建筑时,在主体下方挖了 18 个井,每个井都以一层石头、一层柚木的方式,把地基层层叠起,以减低地震对主体的伤害。陵墓内部只靠室外透入的阳光照明。在大理石屏风内有两副空石棺,而沙·贾汗与皇后的真正长眠地点是在地下另一土窖中。在主体两旁各有一座清真寺,以红砂岩建筑而成,其顶部是典型的白色圆顶,兴建这两座清真寺的主要目的是为了维持整座泰姬陵建筑的平衡效果,以达到对称之美。

第二部分　西方园林景观

Yuanlin Jingguan Sheji Jianshi

第四章
古代及中世纪园林

第一节
古代园林

古埃及时期,是西方园林文化的开端。经过人类耕种、改造后的自然就是当时园林模仿的对象,即几何式的自然,因此西方园林就是沿着几何式的道路发展起来的。西方古典园林崇尚开放,流行整齐、对称的几何图形格局,通过人工美以表现人对自然的控制和改造,彰显人为的力量。水、常绿植物和柱廊都是西方园林中重要的造园要素。

一、古埃及园林

(一)古埃及园林景观的基本类型

古埃及位于非洲大陆的东北部,尼罗河从南到北贯穿其境,全年干旱少雨,沙石资源丰富,森林稀少,日照强烈,温差较大。尽管自然气候恶劣,但尼罗河的定期泛滥还是为两岸河谷及下游三角洲的人们带来了肥沃的良田。从古王国时代(约公元前 2686 年至公元前 2034 年)开始,埃及出现了种植果木、蔬菜的实用性园林,与此同时,出现了供奉太阳神的神庙和崇拜祖先的金字塔陵园,这就是古埃及园林形成的标志。古埃及园林可以划分为宫苑园林、圣苑园林、陵寝园林和贵族花园四种类型。

1. 宫苑园林

宫苑园林是为埃及法老休憩娱乐而修建的园林化王宫,四周环绕高墙,以墙体分割宫内空间,从而形成若干小院落,呈中轴对称格局。各院落中搭建有格栅、棚架和水池等,并以花木、草地等装饰其中,同时蓄养水禽以及设置凉亭在院落中。如古埃及底比斯的法老宫苑(见图 4-1)。

如图 4-1 所示,这个宫苑整体呈正方形,中轴线顶端呈弧状突出。该宫苑建筑的用地较为紧凑,空间以栏杆和树木分隔开。穿过封闭且厚重的宫苑大门,夹峙着狮身人面像的林荫道就会第一时间跃入眼帘。林荫道的尽头连接着宫院,宫门被处理成门楼式的建筑,通常称之为塔门,十分突出。塔门与住宅建筑之间夹着笔直的甬道,构成了明显的中轴对称线。在甬道的两侧以及围墙边,呈行列式栽种着椰枣、棕榈、无花果以及洋槐等树木。全园以宫殿住宅

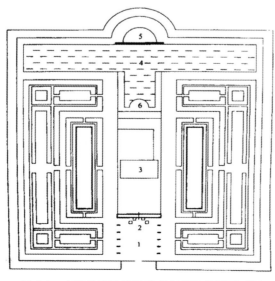

图 4-1　古埃及底比斯的法老宫苑的复原平面图

为中心,两边对称分布着长方形的泳池,池水略低于地面呈沉床式设置。宫殿的后方有一石砌驳岸的大水池,可以在池上荡舟,并且有水鸟、鱼类等放养其中。与此同时,大水池的中轴线上还设置有码头和瀑布。大面积的水面、庭荫树和行道树使整个园内凉爽宜人,同时园内点缀着凉亭,装饰着花台,伴有葡萄悬垂,将整个宫苑打造的甚是诱人。

2. 圣苑园林

圣苑园林是为埃及法老参拜天地神灵而修建的园林化神庙,四周环绕着茂密的树林以烘托其神圣且神秘的色彩。宗教,是埃及政治生活的核心,法老即是神的化身。历代法老都为了加强宗教的统治而大兴圣苑,拉穆塞斯三世(Ramses Ⅲ,公元前 1198 年至公元前 1166 年在位)就设置了多达514 座圣苑。当时的庙宇面积约占全国耕地的 1/6,如著名的埃及女王哈特舍普苏(Hatshepsut,约公元前 1503 年至公元前 1482 年在位)为祭祀阿蒙神(Amon)在山坡上修建的雄伟壮丽的德力·埃尔·巴哈利神庙(见图 4-2)。

图 4-2　德力·埃尔·巴哈利神庙

神庙位于狭长的坡地上,选址考虑到尼罗河的特点,恰好躲避了河水的定期泛滥。建筑工人将坡地分为三个台层,上两层均是以巨大的有列柱廊装饰的露坛嵌入背后的岩壁,一条笔直的通道从河沿径直通向神庙的末端,串联了三个台阶状的广阔露坛。入口处有两排长长的狮身人面像,神态端正威严。神庙的线性布局能够充分体现宗教的神圣、庄严与崇高的气氛。据说,神庙的树木配置是遵循阿蒙神的旨意,香木种满了台层,洋槐排列的林荫树整齐立在甬道两侧,神庙的四周环绕着高大的乔木,乔木一直延伸到了尼罗河边,这些共同形成了附属于神庙的圣苑。许多圣苑在以棕榈、埃及榕等乔木为主调的圣林间隙中设置有大型水池,驳岸以花岗岩或斑岩砌造,池中栽植荷花和纸莎草,放养着象征神灵的圣特鳄鱼。

3. 陵寝园林

陵寝园林是指为安葬埃及法老以享天国仙界之福而建筑的墓地。园林的中心是金字塔,周围环绕着对称栽植的林木。古埃及人深信灵魂如冬去春来、花开花落一般,是永远不灭的。因此,法老以及贵族们都为自己建造了巨大且显赫的陵墓,陵墓的周围环境一如生前那般适合休憩娱乐。位于尼罗河下游西岸吉萨高原上的八十余座金字塔陵园是古埃及比较著名的陵寝园林之一。

金字塔是一种锥形建筑物,由于外形酷似汉字的“金”而得名。金字塔规模宏大、气势雄伟,显示出古埃及高度发达的科学技术。其中的世界之最为胡夫(古埃及第四王朝国王)金字塔(见图 4-3),它高 146 米,边长 232 米,整体占地 5.4 公顷,由 230 万块巨大的石灰岩石砌成,单块巨石平均重量约 2000 千克,最大的石块重达 15000 千克。整个工程是由 10 万多名奴隶,历经 30 多年的劳动方才竣工。金字塔的建筑工艺之精湛令人叹为观止,其石缝严密,刀片不入,但石块之间却无任何黏着物。金字塔的建成至今都是一个未解之谜。金字塔陵园的中轴线上有笔直的圣道，以此达到两侧的均衡，塔前设有广场，与正厅(祭祀法老亡灵的享殿)遥遥相望。椰枣、棕榈、无花果等树木成行对称地种植在广场周围，且有小型水池设置在林间。

图 4-3　胡夫金字塔

通常有大量的雕刻及壁画装饰在陵寝园林的地下墓室中，主要描绘了当时宫苑、园林、住宅、庭院以及其他建筑的风貌，为后人了解数千年前的古埃及园林文化提供了宝贵的资料。

4. 贵族花园

贵族花园是指古埃及王公贵族为满足其奢侈的生活需求而大肆兴建的与府邸相连的花园。这种花园普遍配有娱乐性的水池，周围栽培着各种树木花草，花木中掩映着供休憩娱乐用的凉亭。特鲁埃尔·阿尔马那(Tell. el-Armana)遗址曾经出土了一批大小不一的园林，均是采用几何式构图，以灌溉水渠来分割空间。矩形水池作为园林的中心，大的水池有如湖泊，可供泛舟、垂钓以及狩猎水鸟。四周栽种的树木排行作队，有棕榈、柏树或者果树，还有葡萄棚架将园林划分为几个方块。直线型的花坛中混合种植着虞美人、牵牛花、黄雏菊、玫瑰和茉莉等花卉，边缘以夹竹桃、桃金娘等灌木为篱。

有些大型的贵族花园采用的是宅中有园、园中套园的布局。比如古埃及底比斯阿米诺非斯三世(AmenophisⅢ，公元前 1412 年至公元前 1376 年在位)时代某大臣墓室中发现的壁画(见图 4-4)。

据考证，这幅壁画展示的正是该大臣的住宅以及花园。我们可以从图上看到，该园林整体呈正方形，四周环绕高墙，入口的塔门以及远处的三层住宅楼构成了全园的中轴线。植物的种植都是呈对称式的，水池周围种满了纸莎草，池边的树木和其他植物遮挡了照在水面的阳光。从外面的运河可以乘坐小船到达园林的大门，灌溉用水和园内的池水也都取自这条运河。房屋位于整个花园的深处，四周栽满植物，小水池的后面设有观景亭，可以眺望远处的风景。花园的中心区域满覆大片成行作队的葡萄园，当时贵族花园浓郁的生活气息扑面而来。

就在同一个墓室中，还发掘出了一副石刻图，它描绘了奈巴蒙花园(Nebamon Garden)的情景，即这座大型贵族花园中的一处小花园(见图 4-5)。园林中央有一矩形水池，池中养殖着水生植物与动物，芦苇和灌木满种于池边，周围还种植着椰枣、石榴、无花果等果树，这种对称且规则的布局，反映了当时埃及王公贵族们的游乐和生活习性。

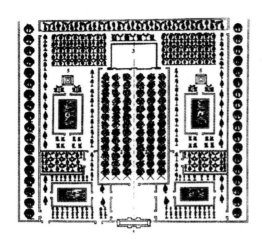

图 4-4　阿米诺非斯三世时代某大臣墓室壁画

图 4-5　奈巴蒙花园

(二)古埃及园林风格与特征

古埃及园林的风格与特征综合反映了当时的自然条件、社会生产、宗教风俗以及人们的生活方式。

(1)强调果树以及蔬菜的种植,是为了增加经济效益。因为埃及的气候和地理特征影响,只有尼罗河两岸和三角洲地带为绿洲农业,因此土地在当地来讲十分珍贵。由于园林需要占用一定的土地面积,因此在给人们营造赏玩的景致时,也要考虑经济实惠的设计。

(2)重视园林小气候的改善。在干燥炎热的条件下,阴凉湿润的环境简直就是天堂般的享受。因此,庇荫是园林的主要功能,树木和水体自然成了园林的最基本要素。

(3)花木排行作队,植物点缀路旁。早期园林花木品种较少,且色彩并不鲜艳,多源于气候炎热,淡雅的花木能给人清爽的感受。直到埃及与希腊文化碰撞之后,花卉装饰才形成园林时尚,开始流行起来。

(4)农业生产的发展推动了引水及灌溉技术的提高,土地规划也促进了数学和测量学的进步,加之水体在园林中的重要地位,致使古埃及园林多建于临近水源的平地上,具有强烈的人工气息。园地多呈方形或矩形,在总体布局上有统一的构图,采用中轴对称的规则布局形式,给人均衡稳定的感受。周围的高墙、园内的空间、花木的排列以及水池的几何造型都反映出人们在恶劣的自然环境下力求改造自然的人本思想。

(5)浓厚的宗教思想以及对生命永恒的追求,促使圣苑园林和陵寝园林应运而生,使得园林中的动植物也披上了神圣的宗教色彩。

二、古巴比伦园林

(一)古巴比伦园林景观的基本类型

与古埃及炎热干燥的气候不同,古巴比伦王国位于底格里斯河与幼发拉底河两河流域之间的美索不达米亚平原之上,虽然造园文化较埃及晚些,但是此地天然森林资源丰富,加之气候湿润温和,使这片美丽富饶的地区成为人类最古老的文明发源地之一。

古巴比伦园林包括亚述及迦勒底王国时期在美索不达米亚平原上建造的园林,它们从根本上保留并且继承了古巴比伦的文化。园林大致分为猎苑、神苑和宫苑三种类型。

1. 猎苑

两河流域雨量充沛且气候适宜,同时拥有茂密的天然森林。在进入农业社会以后,由于人们仍然眷恋之前的渔猎生活,因而出现了供狩猎娱乐的猎苑,它是在天然森林的基础上经过人力改造而形成的。公元前800年之后,亚述国王们的猎苑不仅出现在文字记载中,而且狩猎、战争、宴会等活动场景以及以树木作为背景的宫殿建筑群也被描绘在宫殿的壁画和浮雕中(见图4-6)。

图4-6　古巴比伦浮雕上的猎苑图

据史料记载,猎苑中不仅包含了大量的天然森林,也种植了大量的人工树木,主要品种包括香木、意大利柏木、石榴以及葡萄等。同时为了方便帝王、贵族狩猎,放养了各种狩猎用的动物。除此之外,猎苑中还堆叠了土山以供登高瞭望,并在土山上植树,建造神殿以及祭坛等。

2. 神苑

埃及由于缺少森林而将树木神化,古巴比伦虽有郁郁葱葱的森林,但对树木的崇敬之情却也毫不逊色。在远古时代,森林是人类躲避自然灾害的理想场所,这或许就是人们神化树木的原因之一。出于对树木的尊崇,人们常常在庙宇周围呈行列式地种植树木,形成神苑,这也与古埃及的圣苑十分相似。据记载,亚述国王萨尔贡二世曾在罗楼的岩石上面建造神殿,用以祭祀亚述历代守护神。

公元前2000年左右曾建造了雄伟的亚述古庙塔,亦称“大庙塔”,被后人认为是屋顶花园的发源地。根据发掘出的遗址,英国著名的考古学家伦德·伍利爵士在该塔三层台面上发现了大量种植树木的痕迹,这些金字塔式的人工山是古代两河流域美索不达米亚城市的典型特征。从建造目的来讲,亚述古庙塔首先是一个大型的宗教建筑,其次才是用于美化环境的“花园”,它包含了层层叠进的种有植物的花台、台阶以及顶部的庙宇。将神殿耸立在郁郁葱葱的林地之中,更增加了神苑幽邃神秘的氛围。

3. 宫苑

宫苑即空中花园,又称“悬园”,被誉为古代世界七大奇迹之一。关于这一花园的来源有很多说法,直到19世纪,一位英国的西亚考古专家罗林松爵士(Sir Henry Creswicke Rawlinson,1801—1895)解读了当地篆刻的楔形文字,才确认了其中一种说法:它是尼布甲尼撒二世为纾解其王妃对家乡的思念之情而建造的。

空中花园并非悬在空中,而是构筑在人工土石之上,每一台层的外部边缘都是带有拱券的石砌外廊,其内筑有房间、洞府、浴室等,是具有居住和娱乐功能的园林建筑群。台层上覆土种植花草树木,台层之间以阶梯连接。蔓生的悬垂植物及各种树木花草遮住了部分柱廊和墙体,远远望去仿佛立在空中一般,空中花园或悬园便因此而得名(见图4-7)。

图 4-7　古巴比伦空中花园复原图

(二)古巴比伦园林特征

同古埃及园林一样,古巴比伦园林的形式和特征也是其自然条件、社会发展状况、宗教思想以及当时人们的生活习俗的综合反映。

1. 选址

两河流域平原拥有丰富的天然森林资源,十分适合营造以游乐为主要目的的猎苑。在猎苑中引水汇成蓄水池,既可以解决动物的饮水问题,又能营造景观,达到改善小气候等环境条件的目的,自然气息浓厚。

2. 布局

两河流域多为平原地貌,洪水泛滥时容易受到威胁。因此宫殿、神庙多建于不易被洪水淹没的高地上,四周环绕树木形成神苑。人们也十分热衷在猎苑中堆叠土山,既可登高瞭望,又可在洪水威胁时作为避难场所。布局多以规则的形式来体现人工的特性。

3. 造园要素

两河流域分布着茂密的天然森林,改造的神苑也种植有大量的树木,体现了人们对树木的崇敬之情。宫苑和宅园多采用屋顶花园的形式,这样在炎热的气候条件下,就能起到通风和遮阳的作用。这些都反映出当时的建筑承重结构、防水技术、饮水灌溉设施和园艺水平均处于世界前列。

三、古希腊园林

（一）古希腊园林景观的基本类型

古希腊是欧洲文明的摇篮，它开创了欧洲的传统与文化。古希腊人对园林的兴趣与爱好也对西方园林有着直接的影响。追溯希腊文化的源头，会发现它来源于爱琴文化。希腊是一个多民族居住的地区，尽管城邦众多，却创造了统一的希腊文化。希腊是一个多神论国家，这些神都是人类理想的化身，因此尽管信仰众多，却从未让人们的生活产生冲突。为了满足祭祀活动的需求，古希腊建造了很多庙宇。祭祀的同时往往也伴随着音乐、戏剧表演、诗歌朗诵以及演说等活动。每年春季，雅典的妇女都集会庆祝阿多尼斯节，届时会在屋顶上竖起阿多尼斯的塑像，四周环以土钵，将发了芽的莴苣、茴香、大麦、小麦等种在钵中。这些绿色的小苗象征了人们对神的祭奠，人们也会在集会上唱挽歌哀悼。

据史料记载，考古发掘出的公元前5世纪时的一具希腊铜壶上描绘的画面，反映的正是祭祀阿多尼斯神的庆典活动（见图4-8）。站在梯上的即阿佛洛狄忒，身上有翅膀的是她的儿子爱神爱洛斯，他们正将手捧的陶钵送到屋顶上去。

此外，随着生产力的发展，人们需要有强健的体魄来对抗战争以及发展生产，这就促进了体育健身活动的广泛开展，为此，公元前776年举行了首届奥林匹克运动会。与此同时，大量群众性的活动推动了公共建筑，如体育馆（见图4-9）、剧场的兴起。

图 4-8　对阿多尼斯神的祭祀图　　　　图 4-9　德鲁菲体育馆遗址全貌

在古代希腊，普遍认为人是衡量一切事物的尺度，这种深刻的人文主义精神也对希腊的艺术产生了深远的影响。希腊的音乐、绘画、雕塑和建筑（如雅典卫城，见图4-10）等艺术十分繁荣，达到了很高的成就。尤其是雕塑，其成就是后世再也未曾达到的。文艺创作的繁荣，也促使了美学理论的丰富与发展。

希腊人崇尚的是一种精神与物质、理智与情感相协调的，合乎现实的生活。这种民族心理与文明特点深刻地影响了园林的设计。与此同时，园林的设计围绕特殊的自然植被条件而发展，综合人文因素的影响，出现了多种艺术风格的园林，基本可以分为宫廷庭园、圣林、公共园林以及学术园林四个类型。

1. 宫廷庭园

早期的宫廷庭园在《荷马史诗》中已有描述，希腊艺术借取东方文明的经验，逐渐形成具有自己特色的建筑与装饰风格，比如荷马时代的一些大型住宅便出现了亚述时代殿堂的影子。《荷马史

图 4-10　著名的雅典卫城

诗》中这样描绘阿尔卡诺俄斯王宫的富丽堂皇景象："宫殿所有的围墙用整块的青铜铸成,上边有天蓝的挑檐,柱子装饰以白银,墙壁和门为青铜,而门环是金的。门两旁还有几只巨大的狗,其中一只是金的,其余是银的,大厅两侧摆放着整木桌椅,地上铺着当地妇女织成的精美的地毯……""从院落进入到一个很大的花园,周围绿篱环绕,下方是管理很好的菜圃。园内有两座喷泉,一座落下的水流入水渠用以灌溉,另一座喷出的水流出宫殿,形成水池,供市民饮用。"由此可见,当时庭园对水的利用是有统一规划的,并且达到了经济、合理的利用。可以想象的出,这样奢华的宫殿周围,园林的布置也一定相当精致。庭园、花园的设计均是从实用性出发,生产色彩较为浓厚。此外,历史上有关喷泉的首次记载也出现在这一文献中,说明古希腊早期的宫廷庭园具有较为完整的装饰性、观赏性以及娱乐性。克里特岛的克里特·克诺索斯宫苑建于前 16 世纪(见图 4-11),它属于希腊早期的爱琴海文化。该建筑在选址上考虑了周围绿地环境的建设,同时注重风向的影响,庭院中植物的种植、花木的设计,以及迷宫的建筑都充满了人文主义精神。

图 4-11　克里特·克诺索斯宫苑

　　自公元前 12 世纪开始,东方对希腊文明的影响日益增大,到公元前 6 世纪,古希腊也拥有了同波斯花园一样迷人的园林。但是由于希腊的城市建筑不如波斯繁华,没有比较大型的王宫建设,因此这个时代园林的发展主要存在于私人住宅内。得益于植物栽培的进步,花卉也在希腊逐渐流行起来,并且被布置成花圃形式。

2. 圣林

希腊人相信有森林之神的存在,他们对树木怀有崇敬之心,并把树木作为顶礼膜拜的对象,因而在神庙外围种植树林,称为圣林。早期的圣林内是不种植果树的,只采用绿荫树,比如棕榈、悬铃木等。据史料记载,在荷马时代已经出现了圣林,当时把树木种植在神庙的四周,主要起围墙的作用,随着圣林的不断发展才从设计上开始考虑其观赏效果。阿波罗神殿(见图4-12)周围有着宽达60~100米的空地,也就是当年圣林的遗址。圣林中开始种植果树以后,在奥林匹亚的宙斯神庙旁的圣林中还设置了小型祭坛、雕像及瓶饰、瓮等,因此人们称其为"青铜、大理石雕塑的圣林"。

图 4-12 阿波罗神殿的复原图

圣林不仅是祭祀的场所,也是开展祭祀活动时供人们休息、散步以及聚会的地方。大片林地净化了环境,郁郁葱葱地衬托着神庙,使其更加的庄严肃穆且神圣。

3. 公共园林

公共园林是随着体育运动场增加建筑设施以及绿化而发展起来的园林。最早的体育场其实一棵树都没有种,只是单纯用于体育训练的一片空地。直到后来有位叫作西蒙的人在体育场内种植洋梧桐树用来遮阴,供运动员休息,从此,有更多的人来此观赏比赛、散步以及开展集会等,公共园林便由此发展起来。古希腊时民主思想发达,随着公共集会以及各种集体活动的频繁开展,加快了众多的公共建筑物的产生,由此,不仅统治者以及贵族拥有庭园,普通民众也可以享受的公共园林也快速建立起来。

当时的希腊战乱频繁,战败国公民无论身份高低贵贱,一律会沦为战胜国的奴隶。为了赢得战争的胜利,就需要培养民众的神圣的捍卫祖国的崇高精神。鉴于当时军事发展较弱,赢得胜利的唯一条件就是拥有强壮、矫健的体魄,以应对短兵相接,这极大地推动了希腊体育运动的发展,运动竞技也由此应运而生。体育竞赛往往与祭祀活动相关联,因此类似体育公园的运动场普遍都与神庙结合在一起,如奥林匹克祭祀场(见图4-13),竞赛成为祭奠活动的主要内容之一。

4. 学术园林

学术园林即哲学家的学园。以柏拉图和亚里士多德为首的希腊哲学家常常在优美的公园里聚众演讲,表明当时的文人对以树木、水体为中心的自然环境的热爱。此后的古希腊文人为了讲学方便,就开辟了自己的学园。园内有供听众散步的林荫道,也有爬满藤本植物的凉亭,还设有神殿、祭坛、雕像以及杰出公民的纪念碑等。

图 4-13　奥林匹克祭祀场复原图

(二)古希腊园林景观的特征

古希腊园林设计与人们的生活习惯紧密结合,是作为室外的活动空间或者建筑物在室外的延续部分来建造的,属于建筑整体的一部分。由于建筑是几何形的空间,因此园林布局形式也采用规则式样以求与建筑相协调。不仅如此,当时的数学、几何学以及美学的发展都对园林的规划产生了影响,强调均衡稳定是园林设计的规则,这样才能确保美感的产生。人们对树木的崇敬也使园林花木的种类增多,创造美好的生活环境代表了古希腊人对美的追求。

四、古罗马园林

(一)古罗马园林景观的基本类型

罗马文明是西方文明史的开端,罗马帝国曾经非常兴盛,国土辽阔,也吸取了许多外来文化。纵观罗马的建筑和自然代表物,多数都反映出希腊文化对其的影响。古罗马幅员辽阔,北起亚平宁山脉,南至意大利半岛南端的地区。意大利为多丘陵地带,山间有少量谷地,自然气候非常温和,虽然夏季闷热,但山坡上却较为凉爽。这种地理气候条件影响了早期园林的选址与布局。罗马征服希腊以后,受希腊文化影响,引起了贵族争相效仿希腊、东方生活方式的风潮。希腊的学者、艺术家、哲学家以及能工巧匠们来到了罗马,可以说古罗马园林景观是在希腊园林文化的基础上形成的,随着与古希腊园林艺术的融合,古罗马逐渐形成了自己的园林风格。古罗马园林主要分为古罗马庄园、宅园、宫苑以及公共园林四种基本类型。

1. 古罗马庄园

罗马人具有雄厚的财力、物力,并且生活奢侈成风,因而在郊外建造庄园的风气蔓延开来。古罗马庄园采用规则式布局,工匠们善于利用自然地形,将选址定在山坡上和海岸边,以便借助自然景观的优势。洛朗丹别墅庄园建于 1 世纪(见图 4-14、图 4-15),是罗马富翁小普林尼在距离罗马 17 英里(1 英里＝1.61 公里)的劳朗丹海边建造的别墅。别墅面朝大海,整体建筑环抱海面,可以在露台上欣赏海景,周围有花坛环绕。这是比较典型的利用自然条件创造景观的建筑方式,建筑、植物等与自然融为一体。

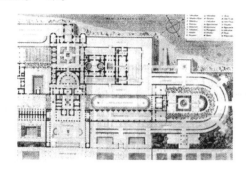

图 4-14　洛朗丹别墅庄园平面复原图图　　　　图 4-15　洛朗丹别墅庄园透视复原图

2. 宅园

宅园也称柱廊园,通常由三进院落构成,第一进为迎客的前厅(有简单的屋顶),第二进为列柱廊式中庭(供家庭成员活动),第三进是真正的露坛式花园,如维提列柱围廊式庭院(见图 4-16)。宅园是古希腊庭园园林的继承和发展,但是也有着细微的不同。比如古罗马中庭里往往建有水池、水渠,并在水渠上面架桥;木本植物往往种在大陶盆或者石盆中,草本植物植于方形的花坛与花池中;柱廊墙面上绘有风景画。

图 4-16　维提列柱围廊式庭院

3. 宫苑

古罗马共和国后期,罗马皇帝和执政官选择山清水秀之地建造了许多避暑宫苑。宫苑以水池为核心,周围环绕花园,每个庭院有专属的主题与功能。整个避暑宫苑以水体统一全园,采用规则式布局,其他功能性建筑诸如图书馆、竞技场、浴场等则顺应地势,随山就水地布局其中。其中以哈德良山庄最为典型(见图 4-17),是罗马帝国的繁荣和品味在建筑和园林上的体现。

4. 公共园林

古罗马人在希腊竞技场的基础上,改造出公共休憩娱乐的园林,取消了竞技的用途,场地边缘有散步道,路旁种植各种树木。同时,古罗马人热衷沐浴,浴场遍布城郊,同现代一样,古罗马时代的人们已经将浴场变为一种社交场所。还有很多剧场建在山坡上,得天独厚的天然地势给人们带来了美的享受,如庞贝剧场(见图 4-18)。古罗马的公共建筑多布置广场,既能作为公共集会的场

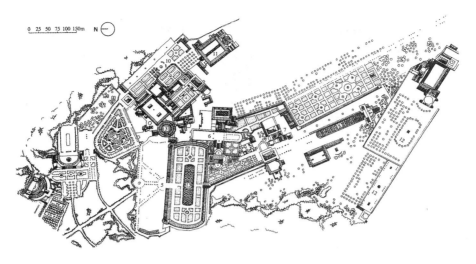

图 4-17　哈德良山庄平面图（朱建宁:《西方园林史》）

所,也能作为美术展览场地,同时拥有休憩、娱乐、社交的功能,是后世城市广场的前身。

图 4-18　庞贝浴场

(二)古罗马园林景观的特征

(1)果园、菜园以及芳香植物园在保留实用性的基础上加强了观赏性、装饰性以及娱乐性。重视园林植物的造型,有专门的园丁负责打理。

(2)受古希腊园林的影响,布局形式为规则式。奠定了文艺复兴时期意大利台地园的基础,也对后世的欧洲园林影响极大。

(3)园林数量众多,且花卉装饰盛行,除花台、花坛之外,出现了蔷薇专类园、迷园。

第二节
中世纪园林

从罗马帝国灭亡的 5 世纪到文艺复兴开始的 14 世纪,这一期间称为中世纪,历时约 1000 年,

该时期,古代文化的光辉泯灭殆尽。从美学思想上来讲,中世纪虽然保留了古希腊、古罗马的影响,却受宗教影响更深,把"美"看成是上帝的创造。与中国封建社会的中央集权不同,欧洲的封建社会虽有强大、统一的教权,但其政权却是分散独立的。因此,欧洲的中世纪园林景观主要以实用的寺院庭院与简林的城堡庭院为主。

一、寺院庭院

基督教徒最初的活动场所主要是古罗马时代的一些公共建筑,如法院、市场、大会堂等。发展到后期才开始效仿被称为巴西利卡(Basilica)的长方形大会堂的形式来建造寺院,后称为巴西利寺院。罗马圣保罗教堂设有前庭和中庭两部分,前庭布置简单,硬质铺装,上置盆花或瓶饰,内设喷泉或水井以供人们净身(见图4-19)。中庭为拱券式,以十字形路分为四块,草坪、果树等点缀其间。

图 4-19　罗马圣保罗教堂中庭

二、城堡庭院

中世纪前期的城堡建在山顶,带木栅、围土墙,主要是便于战时防守。11世纪之后,诺曼人征服了英格兰,战乱逐渐减少,城堡的建筑方式也随之产生变化,以石砌城墙为主,前有护城河,在城堡的中心建立住宅。从13世纪开始,由于战乱日渐平息,东方文化也开始深入,处于和平年代的人们的享乐思想开始增强,城堡的结构变为开阔美观、适宜居住的宅邸结构。直到15世纪以后,城堡已经变为专用住宅,围绕城堡建立庭院也开始流行起来。早期的城堡庭院布局较为简单,常以栅栏和矮墙作为防护手段。除了方形花台之外,城堡庭院中常见的是三面开敞的龛座,上铺草皮成为坐凳。庭院内有喷泉和水池,树木呈几何形种植,观赏性良好。

三、中世纪园林景观的特征

中世纪的欧洲园林,无论是寺院庭院还是城堡庭院,最初都是以实用为主要目的。而后随着时局日趋稳定以及生产力的快速发展,园林的装饰性和娱乐性也愈加浓厚。有的果园不仅开始增加树木的种类,还在园内铺设草地,设置凉亭、喷泉、座椅等设施,日渐形成了一种游乐园类型的园林。除此之外,以大理石或草皮铺路,并将修剪的绿篱围绕道路两旁,设置繁复的通道图案,这样的迷园布局也曾风靡一时(见图4-20)。据说英王亨利二世(Henry Ⅱ,1154—1194)就曾在牛津附近建造了一个迷园。

　　此外,还有用低矮绿篱组成图案的花坛,图案呈几何形、鸟兽形或者徽章纹样。在空隙中填充各种颜色的碎石、土、碎砖,这种类型的花坛称为开放型结园(open knot garden);而如果在空隙中种满了色彩艳丽的花卉,则叫作封闭型结园(closed knot garden)。在中世纪的欧洲,花架式亭廊也较为常见(见图 4-21),亭中设坐凳,廊架上爬满各种攀缘植物。人们过去还在种植蔬菜的畦内种植花卉,早期花卉的种植是为了采摘花朵,因而密度并不高,后期种植密度不断提高,逐渐发展为如今的花坛。这时的花坛所强调的已经不是单枝花朵的形状、色彩,而是从全园角度出发,考虑整体的布局效果。起初的花坛一般高出地面,周围以木条、瓦片或砖块镶边,之后则与地面平齐,常设置在墙前或广场上。中世纪后期,德意志和法兰西贵族们还仿效波斯的习俗,开始建造贵族猎园。

图 4-20　中世纪欧洲庭院中常见的迷园　　　　图 4-21　花架式亭廊

第三节
中世纪伊斯兰园林景观

一、伊斯兰园林景观基本特征

　　伊斯兰园林是古代阿拉伯人在结合两河流域和波斯园林艺术的基础上创造而成的,是一种模拟伊斯兰天国的高度人工化、几何化的园林艺术形式,是世界三大园林体系之一。公元 8 世纪,阿拉伯人以伊斯兰教的名义征服了波斯,从此开始承袭波斯的造园艺术,使波斯园林艺术有了新的发展。

　　在中世纪,伊斯兰园林普遍追求小巧玲珑,属于封闭的内向型园林,占地面积较小,多数以被建筑和高墙包围的形式出现。中世纪后期开始建筑高高的观景塔以满足观景需求。园内精心布置凉亭、花木等,总体结构清晰完整。园林通常作为逃避现实生活的场所而存在,但是在伊斯兰却是天堂的象征。以古巴比伦和古波斯园林为雏形的伊斯兰园林,以十字形庭院作为典型的布局方式,封闭建筑与特殊节水灌溉系统相结合,用纵横的水渠将园区分隔成四块。园林中央是喷泉或中心水池,每个方向的水渠代表一条河,正契合《古兰经》里"天园"中的水、乳、酒、蜜四条河。随着阿拉伯帝国军事远征,这种十字形的园林开始传入北非和西班牙以及克什米尔等地,被人们称为阿拉伯式园林或伊斯兰园林。

伊斯兰园林是园林的经典形式,与建筑息息相关,其包含在建筑中,作为建筑的中庭存在。水是伊斯兰园林的生命,水体和大量植物主导着庭院的布局,同时可以起到调节温度的作用,能营造舒适的居住环境。

二、波斯伊斯兰园林景观

(一)波斯文化史

波斯帝国曾经非常强大,灭巴比伦,征服埃及,是闻名世界的东方强国之一。公元前6世纪到公元前4世纪,正是《旧约》逐渐形成的时期,所以波斯园林除了受到埃及、美索不达米亚的造园影响外,还受到《旧约·创世纪》中"伊甸园(天堂乐园)"的影响。以公元6世纪的波斯地毯上描绘的庭园为例(见图4-22),它是后来的波斯伊斯兰园以及印度伊斯兰园的基础。但是到了公元前334年,波斯已经不复当初的荣耀,被马其顿王亚历山大大帝所灭,之后波斯于公元3世纪再次创立,又于公元7世纪被阿拉伯帝国所灭。直到16世纪,波斯帝国进入了最后的黄金时代。

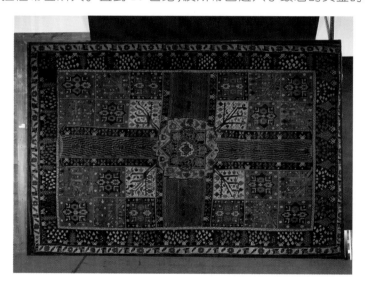

图 4-22　制于地毯上的波斯庭园

穆罕默德以伊斯兰教统一了整个阿拉伯世界并且开始对外扩张,建立了疆域辽阔的阿拉伯帝国,吸收被征服民族的文明,结合自己民族的文化从而创造了独特的新文明时代。因此阿拉伯人的园林艺术首先是以波斯艺术为榜样的,被称为"波斯伊斯兰式",并逐渐影响着其他地区。

(二)波斯伊斯兰园林的影响要素

波斯伊斯兰园林艺术结合了多个民族的造园文化,主要受到气候、宗教以及国民性这三个要素的影响。

1. 气候

波斯地处风沙大且荒瘠的高原之上,当地气候炎热、干旱少雨、贫瘠不毛,波斯园林是波斯人在恶劣的生存环境中追求适宜的人居环境的产物。波斯人渴望在贫瘠的环境下,以盛满丰硕果实和鲜花的庭园来与周围环境隔绝,也渴望在干旱炎热的气候下拥有浓荫蔽日的绿洲。因此,水成了伊斯兰世界的灵魂和生命,也成为庭园中最核心的要素,蓄水池、沟渠以及喷泉等水体都在园林中起着支配性的作用。

2. 宗教

古代波斯帝国的国教——拜火教认为,天国是一个巨大无比的花园,不仅拥有金碧辉煌的苑路、果树以及盛开的鲜花,还有用钻石和珍珠打造的凉亭等。因而,波斯伊斯兰园林中栽培果树与花卉,以及在园林中设置凉亭,以此表达对国教的崇高敬仰。

3. 国民性

干旱炎热的气候条件让民众对绿荫有着无比的向往,波斯人喜好绿荫树带来的清凉爽利的感觉,将绿荫树密植在高大的围墙内侧,以此来获取空间的独占感,也可以用来抵御外敌的侵入。

(三)波斯伊斯兰园林的特征

波斯伊斯兰园林的特征主要体现在水体运用、空间布局、植物配置以及装饰风格等方面。源于恶劣的自然气候的影响,水成为波斯伊斯兰园林的灵魂,特殊的引水系统以及灌溉方式也成了波斯伊斯兰园林的最大特色。

1. 水体运用

波斯园林的模式与伊甸园的传说有关,庭院采用十字形水系布局,如《旧约》所述的伊甸园分出的四条河流,水从中央水池分四个方向流出,将庭院大体分成四块,象征宇宙十字,也如耕作农地,布局简洁大方(见图4-23)。既有灌溉的功能,也可以提供隐蔽的环境。水体多用小涌泉、小水池与明渠连接,这样坡度较小。

2. 空间布局

伊斯兰园林属于封闭式的内向型园林,面积较小,围墙很高且四角有瞭望守卫塔。院落之间仅以小门相通,但是通过隔墙上的栅格和花窗也可以隐约看到相邻的院落。园内的装饰物其实很少,仅有小水盆与几条坐凳错落其间以便使用,体量与所在空间的体量相适宜。庭园大多呈矩形,十字形园路是最为典型的布局方式,将庭园分成四块,且园路上设有灌溉用的小沟渠,或者以此为基础延伸开来,分出更多的几何部分。

3. 植物配置

园林内有规则地种植了遮阴树和果树,包括很多外来引进的树木,用以象征伊甸园。波斯人认为上帝创造了很多种树,既美观又可以食用,还可以传播善与恶的知识。我们相信这与波斯人从事农业、经营水果园是紧密相关的。此外,同一庭园往往多种植同一树种来获取稳定感。波斯人爱好花开,视花园为天上人间,园林内往往种植大量的香花,如紫罗兰、月季、水仙等。

图 4-23　伊斯兰园林十字形水渠

4.装饰风格

用地毯代替花园是伊斯兰园林的一大特色,当寒冷的冬季来临时,可以看到园内布置的图案丰富的地毯,毯上有水有花木,这也是庭园地毯的起源。伊斯兰园林装饰中以彩色陶瓷马赛克的运用最为广泛,形成极富特色的装饰效果,马赛克图案一直沿用到现在,已经成为一种装饰风格。

三、西班牙伊斯兰园林

(一)西班牙历史

西班牙西邻同处伊比利亚半岛的葡萄牙,北濒比斯开湾,东北部与法国及安道尔接壤,南隔直布罗陀海峡与非洲的摩洛哥相望。它的领土还包括了地中海中的巴利阿里群岛与大西洋上的加纳利群岛,以及非洲的休达和梅利利亚。

8世纪初,信奉伊斯兰教的摩尔人(阿拉伯人与北非游牧部落柏柏尔人)通过地中海南岸侵入西班牙,占领了比利牛斯半岛的大部分领地。摩尔人大力移植西亚文化,尤其是波斯、叙利亚伊斯兰文化。基于此,在建筑与园林上,摩尔人创造了富有东方情趣的西班牙伊斯兰风格。从8世纪开始到15世纪期间,西班牙基本处于天主教军队和摩尔人的割据战争中。当时的都城科尔多瓦人口高达100万,是当时欧洲规模最大也是文明程度最高的城市之一。当时的摩尔人在科尔多瓦以及其他一些城市建造了许多宏伟壮丽,并且具有强烈伊斯兰艺术风格的清真寺、宫殿以及园林,遗憾的是,至今为止可发掘的遗迹并不多。

1492年,信奉天主教的西班牙攻占了阿拉伯人在半岛上的最后一个据点,意味着结束了长达7个世纪的穆斯林统治局面,建立了西班牙王国。

(二)西班牙伊斯兰园林景观基本类型

西班牙伊斯兰园林指在当代的西班牙境内,由摩尔人创造的伊斯兰风格的园林,又称摩尔式园林(Moorish Gardens)。摩尔式园林曾经在中世纪盛极一时,其水平远远超过了当时欧洲其他国家的园林,对后世欧洲园林的发展产生了较大的影响。

西班牙的建筑特别令人神往,我们习惯将那些有庭院和纯白墙面的建筑称作西班牙风格建筑。西班牙建筑中庭院建筑较为突出。西班牙人将建筑物之内、柱廊四围的露天庭院称为帕提欧(Patio)。帕提欧的前身就是罗马建筑的前庭,后来西班牙受摩尔文化熏陶数百年,使帕提欧形成了自己的风格特质,即伊斯兰的"天堂"花园结合希腊、罗马式中庭创造出的西班牙式伊斯兰园,Patio(帕提欧)式庭院作为西班牙的典型庭院,流传至今。Patio园林的主要特点如下,多以阿拉伯式拱廊位于四周,围成一个方形的庭院,装修与装饰十分精细。方形水池、条形水渠或水池喷泉位于中庭的中轴线上,不同数量的乔木、灌木搭配在水池、水渠与周围建筑之间。周围建筑多为居住之所,与中国的苏州园林相同的是,有些地方是将几个庭园组织在一起的,形成了"院套院"的形式。

阿尔罕布拉宫(Alhambra Palace)(见图4-24)从建筑与庭园结合的形式来看,是最为典型的西班牙伊斯兰园林,它建于公元1238年到1358年间,位于格拉那拉城北面的高地上,是伊斯兰建筑及园林艺术在西班牙最具有代表性的作品。格拉纳达王国的摩尔人君主于9世纪兴建了阿尔罕布拉宫,并保留了摩尔人的建筑风格,其厚重的、堡垒式的外形是为了抵御基督教徒的入侵。在这个集城堡、住所、王城于一体的独特建筑综合体中,人们可以看到伊斯兰艺术在建筑的精致与华丽上达到顶点(见图4-25)。阿尔罕布拉宫苑由多个Patio和一个大庭园组成,分别为桃金娘庭园、狮子院、林达拉杰花园、柏树庭园及帕托花园等。桃金娘庭园(Court of the Myrtle Trees)为君王朝见大使举行仪式之处;狮子院(Court of Lions)为后妃的住所;林达拉杰花园(Limdaraja Garden)为后宫,中心放置伊斯兰圆盘水池喷泉;帕托花园(Partle Garden)不属于Patio园,属于台地园。

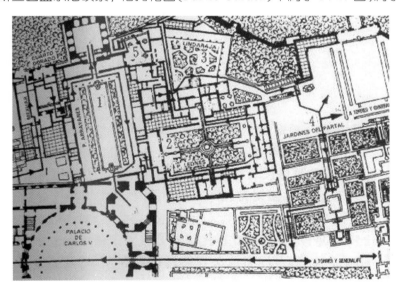

1.桃金娘庭园　2.狮子院　3.林达拉杰花园　4.帕托花园　5.柏树庭园
图4-24　阿尔罕布拉宫平面图

阿尔罕布拉宫对水法非常讲究,目的也很明确。水面细长,具有一定方向的称为线式水体,它的存在既可以划分空间,也将喷泉和水池结合起来,形成一个整体。比较典型的是狮子院(见图4-26),十字形的水渠将其四分,中心以12只白色大理石石狮托起一个大水钵,结合中心处大水钵成环状布局。水从石狮的口中倾泻而出,经由这两条水渠流向中庭的四个走廊。规模较大,在小环境中有一定的控制作用的水池和水面称为面式水体,它是小环境的景观中心及视觉中心。桃金娘庭园的中央有一个如镜面般的矩形浅水池(见图4-27),能够清晰地倒映湛蓝的天空和辉煌的建筑。其南北各设一个小喷泉,与浅水池形成呼应,让人恍如置于漂浮空灵的圣地之中。点式水体是

图 4-25　阿尔罕布拉宫外观图

指小规模的水池或者水面,能够起到点缀景观的作用,这些水体往往形成空间视觉的焦点来激活空间。阿尔罕布拉宫的点式水体常以喷泉、水盘的形式出现,尤其是盘式涌泉,其流水缓慢滴落,使人感受到光影的变幻。

图 4-26　狮子院

图 4-27　桃金娘庭园

西班牙伊斯兰庄园通常建在山坡上,将斜坡辟成一系列的台地,围以高墙来形成封闭的空间。园内设置的水渠呈十字交叉,布局以喷泉为中心,采用封闭的拱形建筑。这些都反映了阿拉伯人的帐篷式居住形式,以及人们对绿洲和水的崇敬之心。水体的运用不仅体现在信仰上,也是分隔园林空间的主要手段。墙面上有装饰性的漏窗,墙内往往布置交叉或者平行的运河、水渠等,运河中还建有喷泉,水池基本置于阴影之下以减少水分蒸发,因此形成了浓荫蔽日的景象,给人以凉爽的感觉。道路常用有色的小石子或马赛克铺装,形成漂亮的图案,园中也常用黄杨、月桂、桃金娘等修剪成绿篱,赏心悦目的同时也将园林分隔成了几个部分,空间利用合理,水体装点适宜。

Yuanlin Jingguan Sheji Jianshi

第五章
意大利文艺复兴园林

意大利园林,通常以 15 世纪中叶到 17 世纪中叶,即以文艺复兴时期的园林为代表。意大利的台地园被认为是欧洲园林体系的鼻祖,对西方古典园林风格的形成起到了十分重要的作用。意大利是个三面环海的半岛国家,境内山地、丘陵丰富,河流众多,土地肥沃,大部分地区属亚热带地中海型气候。因为地形狭长、境内多山,且位于地中海沿岸的缘故,南北气候的差异很大。独特的自然地理、地形地貌和气候特征,对意大利园林风格的形成与发展产生了重要的影响。

第一节
文艺复兴鼎盛时期的意大利台地园景观

16 世纪中期,即文艺复兴鼎盛时期,意大利庄园的建造以罗马为中心,也进入鼎盛时期。这个时期的庭园多建在郊外的山坡上,构成若干台层,形成台地园。因此鼎盛期园林的特点有以下几点:①中轴线贯穿全园;②景物对称布置在中轴线两侧;③各台层常采用多种理水形式,或理水与雕像相结合,作为局部的中心;④理水技术成熟,包括各种光影与音响效果(水风琴,水剧场)、跌水、喷水(秘密喷泉,惊愕喷泉)等,水景与背景在明暗与色彩方面形成对比;⑤植物造景(迷园,花坛)、水渠、喷泉等日趋复杂。具有代表性的作品有望景楼园、玛达玛庄园、罗马美第奇庄园,法尔奈斯庄园、埃斯特庄园、兰特庄园、卡斯特罗庄园以及佛罗伦萨的波波里花园等。

(一)美第奇庄园

美第奇庄园的园主为蒙特普西阿诺,面积约 5 公顷,以选址优良、布局精心和王宫般的府邸著称,是意大利文艺复兴鼎盛期的名园之一(见图 5-1)。

庄园坐落在罗马城边的山坡上,东北部有围墙和下沉式环形小径,在小径上可欣赏到波尔盖斯庄园最高部分的优美景色。西南方面对着美丽的圣彼得大教堂以及城市的北部街区。主体建筑由建筑师李毕建造,坐落在顶层露台上,立面宽 45 米,宏伟壮丽。

庄园的构图简洁,两层台地上均以矩形或方形植坛为主。顶层台地呈带状,布局更加简单,在建筑前有草地植坛和方尖碑泉池。台地面对别墅的一侧是浓荫遮盖的树丛,将视线引向长平台的两端。平台的尽头是围墙和墙外的伞松树丛,遮挡住园外的城市景色。从台地边缘透过树丛望去,景色迷人。底层台地由十六块矩形绿丛植坛构成,东南上方有观景平台,由此经一片小树林通向绿荫覆盖的帕纳斯山丘。登上丘顶,四周景色尽收眼底。

美第奇庄园的造园要素虽简单,但尺度很大,与建筑协调一致。建筑掩饰了地形的起伏变化,使视线在空间和层次上富于变化。以伞松结合绿篱构成的绿丛植坛既有人工的构图美,又有浓郁的自然气息。在顶层平台上可越过底层花园的树梢和挡墙,欣赏 300 米开外的布尔盖斯花园中朦胧的树丛,在视觉上彼此浑然一体,互为借景,美不胜收。

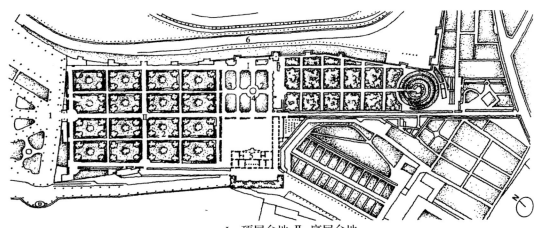

I. 顶层台地　II. 底层台地
1.潘西奥花园；2.矩形树丛植坛；3.草地植坛；
4.方尖碑泉池；5.府邸建筑；6.沿古城墙的下沉园路

图 5-1　美第奇庄园平面图（朱建宁：《西方园林史》）

（二）法尔奈斯庄园

法尔奈斯庄园位于罗马以北 70 公里的卡普拉罗拉小镇上，又称卡普拉罗拉庄园（见图 5-2）。园主法尔奈斯在 1540 年委托建筑师维尼奥拉设计该园，并于 1547 年始建。之后庄园归奥托阿尔多所有，并增加了一座建筑和上部的庭园。维尼奥拉是继米开朗琪罗之后罗马最著名的建筑师，曾在法王的宫中供职，做过教皇朱利叶斯三世的建筑师，对巴洛克建筑风格的发展影响甚大。

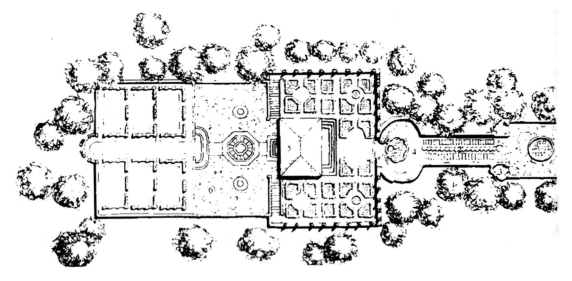

图 5-2　法尔奈斯庄园平面图

庄园中的府邸由建筑师桑迦洛设计，兴建于 1547—1558 年。建筑平面呈五角形，外观如城堡，是文艺复兴鼎盛期最杰出的别墅建筑之一。

法尔奈斯庄园已开始采用贯穿全园的中轴线，将各个台层联系起来。庭园建筑设在较高的台

层上,便于借景园外。虽然用地狭长,但各个空间比例和谐、尺度宜人。

府邸四周设有壕沟,上架两座小桥。园内高篱围绕着的果园保留至今,十字园路的交点上点缀喷泉。中世纪风格的庭园与城堡般的府邸相和谐,显得历史久远。在府邸的背后,隔着狭长的壕沟,便是别墅花园的主体。后花园自成一体,当中还有座二层小楼,是主教避闹求静的居所。花园围绕着小楼,用地呈窄长方形,依地势辟为四个台层及坡道。

台层之间的联系被精心处理,平面和空间上的衔接自然巧妙。大量精美的雕刻、石作,既丰富了花园的景致,又活跃了园林气氛,同时也使花园的节奏更加明快。精致耐看的局部处理,令人流连忘返。与休憩坐凳搭配的矮墙、壁龛,体现出美观与实用相结合的设计原则。

第二节
文艺复兴末期的巴洛克式园林景观

1517 年德国宗教改革家马丁·路德斥销售赎罪券的《九十五条论纲》使天主教和罗马教廷的信仰遭到质疑。神圣罗马帝国皇帝查理五世同弗兰西斯一世的长期对抗影响着欧洲的局势。教宗克莱门七世与亨利八世、弗兰西斯和威尼斯人组成的反对查理的神圣联盟于 1525 年失败,导致 1527 年罗马城被洗劫,教宗克莱门七世被囚禁。此时的意大利人沉溺于幻想的世界,躲避在固定的居所中。

1515—1520 年间萌发于佛罗伦萨的风格主义在 16 世纪中后期甚为流行,其特点是自如运用古典元素和视幻觉效果,采用非理性或富于戏剧性的构图。风格主义由于追求新奇而走向程序化,最终偏离了文艺复兴的现实主义方向,因此在文艺复兴末期时意大利园林的风格发生了很大的变化。这一时期的园林以巴洛克风格为主:①造园愈加矫揉造作,大量繁杂的园林小品充斥着整个园林;②滥用造型树木,强行修剪植物作为猎奇的手段,植物形态愈来愈不自然;③线条复杂化,花园形状从正方形变为矩形,并在四角加上了各种形式的图案,花坛、水渠、喷泉细部的线条少用直线,多用曲线。

阿尔多布兰迪尼庄园是意大利巴洛克时期建筑的典型,园中设有一条主轴线,入门位于主轴线上,主建筑位于中层台地,面宽达 100 米,为四层建筑,下部有台阶与底层台地相接(见图 5-3)。

旧时有三条放射性的林荫小道穿过果园与下部相连,这是巴洛克艺术与城市园林相结合的产物,常见于城市广场的布置。今日其已演变成一条宽阔的林荫路,树种为柏树,从空中鸟瞰,翠绿醒目,经时日点化的枝条遒劲有力。林荫路的两侧植有悬铃木、绿篱花围,东侧有绿廊与船型喷泉,西侧以林园相围。沿林荫道向前,可来到左右对称的马蹄形坡道,走上坡道,可来到主体建筑之前,主建筑体量宏伟,长达 100 米,将背后的景物完全遮挡住,后面水从高坡处经链式叠落式水渠和水台阶奔泻而下,中途压到一对石柱顶上,再从柱顶沿石柱表面的螺旋形凹槽流下,流入一座装有大量机关水法的水剧场。

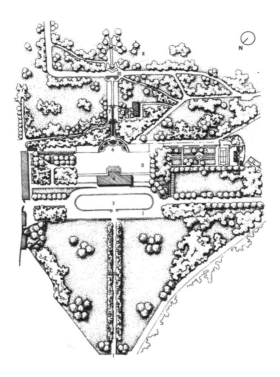

图 5-3　阿尔多布兰迪尼庄园平面图(朱建宁:《西方园林史》)

水剧场(见图 5-4)正中的岩洞中有一尊力士像,为阿特拉斯,乃是希腊神话中的擎天神,他背负苍天,双手托着地球,水落到地球上,从四面溅落而下。它的左右各有两个岩洞,安置着雕像与喷泉,其中一尊坐着吹芦笛的雕像,名为"潘神",是希腊神话中司羊群和牧羊人的神。水剧场两侧平直的墙体也是巴洛克风格,装饰华美。水剧场是为了彰显罗马教皇的权力以及阿尔多布兰迪主教的声望而建造的,装饰有当时人们一眼就能看出的象征符号:肩负世界的阿特拉斯代表了克莱门特教皇,他脚下得意地驾驭着海洋的是英勇的赫拉克勒斯,代表着阿尔多布兰迪主教。这种铭刻他们权力的方法很昂贵,但他们乐此不疲。水剧场的中央,大力神之上,就是园中主轴线,浓密的丛林中布有阶梯式的瀑布、喷泉,以及一对以族徽装饰的冲天圆柱。水阶梯的圆柱上有螺旋形水槽。水流经过水槽及水阶梯,跌落出一系列小瀑布,再注入半圆形的装有奇妙水法的水剧场,颤动、飞溅、闪烁着,是典型的巴洛克意趣。

图 5-4　水剧场

　　阿尔多布兰迪尼庄园景物丰富。建筑位于最高处,俯瞰全园,彰显着主人的富有,与以往园林追求隐逸休闲的意境很是不同,这是巴洛克的一个明显特征。园林由此不再是亲切的、愉悦的,而是喧嚣的、矫饰的。庄园的布局突出主体建筑,它控制了整个构图,以往园林追求的人工与自然的和谐被破坏了,人工明显压倒了自然,幸而得到广阔的林园补救,园林整体才不至于失衡。另外,整个园林只有一个最佳视点,即在主体建筑最高处才能观赏全景,这不能不说是一个退步。

Yuanlin Jingguan Sheji Jianshi

第六章
法国古典主义园林

第一节
法国勒诺特尔式园林产生的背景及类型

一、法国勒诺特尔式园林产生的背景

路易十四亲政时期,法国专制王权进入极盛时期。在经济上推行重商主义政策,鼓励商品出口,促进了资本主义工商业的发展。在文化上将古典主义作为御用文化,因此古典主义的戏剧、美学、绘画、雕塑、建筑和园林艺术都取得了辉煌的成就。在此背景下,安德烈·勒诺特尔作为具有天赋的造园家脱颖而出,被誉为皇家造园师与造园师之王。他使古典主义造园艺术得到充分体现,标志着法国古典主义造园时代的到来,法国勒诺特尔式园林风靡整个欧洲造园界。

二、法国勒诺特尔式园林景观基本类型

(一)府邸花园

沃勒维贡特府邸花园是府邸花园类型中最具代表性的作品之一,标志着法国古典主义园林艺术走向成熟,同时使设计人勒诺特尔一举成名。

在巴黎南面大约 50 km,有个村庄叫"沃",福凯从 25 岁开始就在此购置地产。1650 年,福凯请建筑师勒沃为他建造一座府邸,由勒诺特尔担任花园的设计。为了保证园内的用水,甚至将安格耶河改道。建成的府邸富丽堂皇,花园的广袤和内容的丰富也是前所未有。

沃勒维贡特府邸花园主要由入口、府邸建筑及平台、花坛群台地、运河、内卧河神像的洞府构成。采用轴线式布局,贯穿南北的中轴线将几个景点穿插起来,以运河作为全园的主要横轴,景观格局明朗(见图 6-1)。该府邸花园采用严谨对称的古典主义样式,设计者将它看成个人权利的象征。

府邸花园的入口位于府邸北面,数条林荫大道从广场中延伸出来。入口沿着轴线往南为府邸,府邸建筑的样式为古典主义样式,对称严谨。府邸的正中是大厅上方饱满的穹顶,从中引出贯穿全园的中轴线(见图 6-2)。

府邸南边沿中轴线展开广阔而深远的园林景色,整个花园如一幅美丽的画面,而周边茂密的丛林则如深色的画框,衬托得花园更加明亮艳丽。花园具体分成三段。

第一段中心是一对刺绣花坛,花坛宽 200 m,红色砂石与黄杨木纹样在色彩上产生强烈的对比,角隅处点缀有各种瓶饰(见图 6-3)。花园的第一段至圆形水池处结束,台地下方建有由东向西的小水渠。水渠与园路形成了花园中一条重要的横轴,人们的视线不由自主地被引向花园的两侧。横轴的东头修筑了 3 层台地,上层台地的两边均列有雕像、喷泉,台地的挡墙上用壁泉、跌水和水渠等作为装饰。水渠中分布有很多小喷泉,水束相互交织形成水晶栅栏。中轴两边各有一块草坪花坛,中央是矩形抹角的泉池。

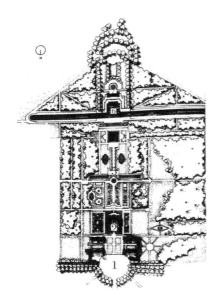

1.入口广场；2.府邸建筑及平台；3.刺绣花坛
4.王冠喷泉；5.花坛群台地；6.大运河
7.内卧河神像的洞府

图 6-1　沃勒维贡特府邸花园平面图（朱建宁：《西方园林史》）

图 6-2　府邸建筑

图 6-3　刺绣花坛

　　第二段以方形水池结束,南边的洞府和北边的府邸倒映在水面上,起到了很好的承上启下的作用。在此处向南观望,距离 250 米的洞府近在眼前。到第二段边缘,由引来的河水形成的长近千米、宽约 40 米的大运河突现眼前,两岸是草地和丛林,使空间显得更加宽阔。大运河中部水面往南扩成方形水池,既突出了全园的中轴线,也将大运河的南北两岸联系起来。

　　第三段花园位于洞府背后的山坡上,在山坡的山脚处开辟出数层大台阶,中轴上的圆形泉池在喷水时呈花篮状,在绿草的映衬下光彩夺目。随后是较为宽阔的斜坡草地,伴随着高大的树林,在坡顶上形成半圆形绿荫剧场。由此往北方眺望,府邸和花园的景色尽收眼底。

　　沃勒维贡特府邸花园处处显得宽敞辽阔,但又不是巨大无垠,这也是它的独到之处。各造园要素布置合理有序,互相之间未产生任何冲突。花园的三段落各自特色鲜明,统一中又有变化。第一段主要是围绕府邸,以人工装饰刺绣花坛为主;第二段主要是将草坪、花坛与水景相结合,以喷泉和水镜面为重点;第三段主要突出树林和草地,并且点缀有一定数量的喷泉和雕像,使花园得以延伸(见图 6-4)。

图 6-4　雕塑与水景

(二)宫苑

　　凡尔赛宫苑是宫苑类型中最重要的作品之一,勒诺特尔凭借此作品名垂青史。凡尔赛宫苑规模宏大、内容丰富、手法多变,把古典主义艺术的造园原则完整地展现出来,其中花园面积高达 100 公顷,气势非凡(见图 6-5)。

　　宫殿坐东朝西,坐落在人工堆起的高地上。从宫殿中引伸出东西向的中轴线,形成统领全园的主线。建筑如同伸进花园中的半岛,成为花园中轴的视觉焦点(见图 6-6)。花园围有高大的林木,位于宫殿的西面。

图 6-5　凡尔赛宫苑总平面图

图 6-6　宫殿建筑

　　由花坛向西望去,中轴处壮观的景色尽收眼底(见图 6-7)。再向西是国王林荫道,两侧分列有宽度达 10 米的甬道,草坪位于中间位置。阿波罗泉池位于国王林荫道的西端,喷水时池中水花四溅,波涛汹涌,整个雕像笼罩在朦胧的云雾中。

图 6-7　中轴景观

　　北面的水景相互连贯,构思非常巧妙。起点为金字塔泉池,经过仙女泉池,再穿过水光林荫道,最终到达龙泉池,末端是半圆形的海神尼普顿泉池。

　　凡尔赛宫苑园林的规划设计反映的是以君主为中心的封建等级制度,其布局和形象都体现着皇权至尊的观念,是绝对君权专政的象征。因此,凡尔赛宫苑不仅使古典主义造园在路易十四统治时期发展到巅峰阶段,更成为强大的国家和强大的君主的纪念碑。

第二节
法国勒诺特尔式园林景观基本特征

　　勒诺特尔式园林的突出特征是全园整体的结构非常有序、主次分明。其中,轴线成为勒诺特尔式园林的中心,全园景观沿着轴线以建筑为中心向四周展开,整个景观由人工向自然和谐过渡,使人工化的园林与周围的自然环境融为一体。一般依次排布有大运河、花坛、花园和林园,感觉清新

明快而又雄伟壮丽。

一、地形特征

平原地区主要由水平面和倾斜平面组成;在山地及丘陵地区主要由阶梯式的台地、倾斜平面及石级组成。

二、水体特征

水体的外形轮廓为几何形,大多采用整齐式驳岸,整形水池、壁泉、整形瀑布和运河等为园林中主要的水景,水景的主题主要为喷泉。

三、布局特征

园林中的个体建筑、建筑群和大规模建筑组群均采取中轴对称的均衡手法,以主要建筑群和次要建筑群形成的主轴和副轴控制全园。

四、道路和广场特征

园林中的空旷地和广场的主要外形轮廓为几何形。封闭性的草坪和广场空间被对称建筑群或规则式林带、树墙包围。道路全部为直线和几何曲线,并且构成方格形或环状放射形,中轴为对称或不对称的几何布局。

五、种植特征

园内的花卉种植主要以模纹花坛和花镜的形式为主,偶尔也有大规模的花坛群。树木按行列式和对称式配置,运用大量的绿篱、绿墙来区划和组织空间。配合建筑体形,将树木修剪为动物形态。

六、小品特征

花园中除了建筑、花坛、水景和喷泉外,还经常采用盆树、盆花、瓶饰、雕像为园中小品。雕像多配置于轴线的起点、终点或交点上,其基座一般为规则式。

Yuanlin Jingguan Sheji Jianshi

第七章
英国自然风景式园林

第一节
英国风景式园林产生的背景及类型

一、英国风景式园林产生的背景

英国风景式园林的形成与英国的自然地理和气候条件,以及当时的政治、文化、艺术等都有密切关系,同时中国山水写意园林对其也有重要影响。由于圈地运动,英国的牧区面积不断扩大,在农业方面主要采用的是轮作制,这让英国的田野呈现出碧波万顷的壮观场面。16世纪后,欧洲传教士来到中国,随后将中国皇家宫苑和江南山水的古典园林艺术传播到欧洲,在此基础上,结合英国独特的地理、气候和植被环境,逐渐发展成为自然风景式园林。当时英国人将风景看作自然感情的流露,这为风景园林的产生奠定了一定的理论基础。

二、英国自然风景式园林的发展

(一)第一个阶段(18世纪20年代至80年代)

第一个阶段注重追求自然美,体现为"庄园园林化"风格。

当时受到哲学以及自然主义的影响,大力提倡不规则式园林。因此,风景式造园很快风行起来。这种园林在造园上利用森林、河流和牧场,将庭院的范围无限扩大,取消了庭院周围的边界,或者把院墙修筑在深沟中,称为"沉墙"。

"庄园园林化"风格的园林景观,主要是在景观营造中找寻环境的内在逻辑性,从而使园林具有环境特征,努力改变古典主义园林千篇一律的形象。在具体应用方面,用同时具有灌溉和泄洪作用的干沟来分隔花园、林园以及牧场,力图把自然景观引入花园,这在很大程度上加强了空间的流动性,此外,结合牧场和庄园进行景观设计,减轻了维持花园造成的经济负担。

(二)第二个阶段(18世纪中叶)

18世纪中叶,英国盛行浪漫主义,之后便出现了"画意式园林"。"画意式园林"时期,英国人热衷于建造哥特式小建筑,并模仿中世纪的废墟,用茅屋、山洞和瀑布等景观作为造园的重要元素,也采用异域情调的元素,建造后的园林具有不规则的美,"画意式园林"的风尚盛极一时。

(三)第三个阶段(19世纪)

由于英国海外贸易迅速发展,世界各地的名花异草陆续传入英国,从而形成了"园艺派"。"园艺派"在保留了自然风景园林的原有面貌的基础上增加了玻璃温室,在温室中种植各地的奇花异草。此外,草地上常常设置有不规则的花坛,花坛中的鲜花根据花期和颜色等仔细搭配,在树木的应用上也考虑到高矮、姿态以及季节的变化。"园艺派"园林具有较好的商业性,符合当时的商业需求,逐渐成为主流。

三、英国风景式园林景观基本类型

(一)宫苑园林

宫苑园林中最具代表性的是布伦海姆宫风景园和邱园。

1. 布伦海姆宫风景园

布伦海姆宫风景园建于1705年(见图7-1),是凡布高为马尔勒波鲁公爵建造,并由布朗于1764年改建。风景园中着重改造了格里姆河段,并且重塑花坛地形。风景园中弯曲的蛇形湖面和驳岸可谓独具特色,通道采用大的弧形园林与住宅相切而成。

1.宫殿；2.帕拉第奥式桥梁；3.格利姆河；4.伊丽莎白岛；5.堤坝

图7-1　布伦海姆宫风景园平面图(朱建宁:《西方园林史》)

2. 邱园

邱园又被称为皇家植物园。整个邱园以邱宫为中心,并逐渐拓展不同局部,最终形成多个中心。园内水面、草地和绚丽多彩的月季亭都具有很高的观赏价值。此外,园内还建有大量的中国式的亭、桥、塔、假山等,在一定程度上增添了园林的东方神采。其中,1761年由威廉·钱伯斯主持修建的中国式宝塔最具代表性,宝塔为八角形,高度达50多米,共10层,整座宝塔色彩丰富,为邱园创造了很好的视点(见图7-2)。

（二）别墅庄园

别墅庄园中最具代表性的是查兹沃斯风景园和斯陀园。

1. 查兹沃斯风景园

查兹沃斯风景园融合了各时代的园林特征,成为当时最著名的园林之一。1750 年朗斯洛特·布朗对其加以改造,将河流纳入风景中,并修建了帕拉迪奥式桥梁,再加上大面积的种植和堆掇的土山等,完美地展现了德尔温特河流的迷人景观。查兹沃斯拥有英国最大规模的私人收藏艺术品,是英国重要的文化遗产(见图 7-3)。

图 7-2 中国式宝塔

图 7-3 查兹沃斯风景园

2. 斯陀园

斯陀园是规则式园林向自然式园林过渡时期的代表作品。从园林的设计中可以看出,斯陀园虽未完全摆脱规则式园林布局的影响,但已经从对称的束缚中解脱出来。园中的种植是非行列不对称的形式,道路没有沿袭规则式园林布局的几何直线,而是设计成自然曲线,不再使用植物雕刻艺术。园中有大面积的种植和建筑,这些建筑都保持着独立性,东部被处理成荒野和自然风光。斯陀园平面图如图 7-4 所示。

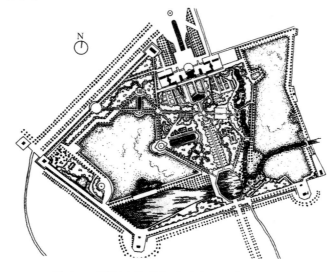

图 7-4 斯陀园平面图(朱建宁:《西方园林史》)

（三）府邸花园

府邸花园中最具代表性的是霍华德庄园和斯托海德花园。

1. 霍华德庄园

霍华德庄园（见图 7-5）是约翰·凡布高于 1699 年所建，最初为巴洛克式风格，后来发展为风景式园林。园中自然的树林和几何形状的花坛并存，同时有曲线型的园路和小径通向林间的空地和喷泉。规则的几何喷泉与周围自然的树林形成强烈的对比效果。

2. 斯托海德花园

斯托海德花园园中有三角形的湖泊，其湖中建有岛和堤，岸边有草地和茂密的丛林，沿湖道路与水面产生若即若离的效果，水面动静结合，变化万千。湖岸设置有亭、桥、雕塑等，这些建筑位于视线的焦点之上，很好地起到了画龙点睛的作用（见图 7-6）。园路沿湖设置，路边建有多种形态的庙宇，如哥特式村庄教堂、阿尔弗列德塔、先贤祠和阿波罗神殿等，这些都是花园中重要的景点。阿波罗神殿的地势较高，三面环绕着树木，前面留有草地，并且一直伸向湖岸，岸边草地上有成丛的树木。从神殿前可以眺望辽阔的水面，而从对岸看，阿波罗神殿犹如耸立于林海之上。

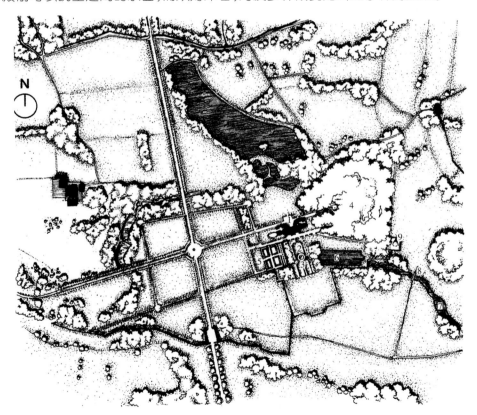

1.霍华德城堡；2.南花坛；3."阿特拉斯"喷泉；4.树林

5.几何式花坛；6.人工湖；7.河流；8.罗马桥；9."四风神"庙宇

图 7-5　霍华德庄园平面图（朱建宁：《西方园林史》）

图 7-6　湖泊周边景观

第二节
英国风景式园林景观基本特征

英国风景式园林景观基本特征可概括为以下几点：

（1）属于自然山水园林，但仅限于模仿和表现自然，是自然风光的再现。园林与天然风景相结合，突出自然景观的独特。

（2）园林主要包括自由流畅的岸线、动静结合的水面、缓缓起伏的坡地、高大稀疏的乔木，最大限度地避免明显的人工雕琢痕迹。

（3）注重园林内外环境的默契结合，往往设有"哈哈墙"，以便将园林与外界连接起来，同时也扩大了园林的空间感。此外，把园墙修筑在深沟之中，以便消除园内景观的界限。

（4）园内严格按照自然规律种植树林，高大的乔木种植在开阔的缓坡上，茂密的森林种植在起伏的丘陵上。

（5）否定了笔直的林荫道、方正的水池、整齐的树木，摒弃了几何形体和对称布局，用弯曲的道路、树丛和草地、河流，把人文景观引入园内。

英国风景式园林的植物要素中，最重要的就是疏林草地，除通向建筑的林荫道外，植物种植多采用孤植、丛植、片植等方式，并结合自然植物的群落特征。另外，彩叶树和花卉植物成为不可或缺的要素。在英国风景式园林中少有动水，自然形态的水池构成净水效果。英国风景式园林的点缀性建筑表达了浪漫的异国情调和古典情怀。造园中尽可能避免与自然冲突，弯曲的园路、自然式的植物群落、蜿蜒的河流彻底消除了园林内外的界限。自然起伏的地形分隔空间、引导视线，全园没有明显的中轴线，建筑仅仅是园林中的点缀。

第三部分

现代景观
设计学

第八章
中西方现代景观设计

第一节
现代景观设计学的产生背景

景观是一个复杂而简单、具体而抽象的概念,每一门学科、每一位学科研究者都对景观有着不同的描述。例如,地理学家将景观作为一个科学名词,将其定义为一种地表景象、自然地理区域,或者将其作为一种类型区域的概称,如城市景观、草原景观、森林景观、极地景观等;旅游学家经常站在动态学的角度看待景观,将其视为一种视觉资源,他们常常将景观定义为动态流动的美学,具有抽象感与视觉效果;在建筑师眼中,景观更多是一种点缀与社区人文气息的反映,形式多样。

由此看出,景观是一个十分复杂的概念,不同职业、不同类型的人会对景观的定义有相当大的分歧,这些组成了景观概念的内涵,构成了景观概念背后的理论根基,赋予了景观设计学较大的空间。现代景观设计学是一门关于景观的分析、规划、设计、改造、管理、保护的科学与艺术,同时是一门建立在广泛的自然科学、人文科学、艺术学等基础学科上的应用学科,具有强烈的人为主观因素,强调对土地的操作与设计。景观设计学通过对土地及人类户外空间等方面的问题开展科学而理性的分析,设计出各种解决方案与解决途径,不断推动设计者意图的达成。

景观设计是一个人工色彩强烈、主观意图明显的操作过程,它具有两个属性:一是自然属性,景观设计最终展现在人们面前的是一个成形的实物,其依托于自然界中原有的物体,加以人工修改与装饰,因此,它的基础就是自然界中具有光、形、色、体等因素的实体,并可以从环境中区别、剥离开来;二是社会属性,景观设计是一个人工过程,每个设计者都有自己的文化背景、群体特征,每一个景观解读者也有自己的文化背景、群体特征,不论是设计、加工、成型、解读均是人为意识参与、干预的过程,参与者的社会文化内涵、功能定位各不相同,很容易产生景观效应。当然,现代景观设计学的宗旨是为人们创造休闲舒适、便于活动的空间,美化环境,为社会人文增加亮色。景观设计师的职责就是通过嵌入景观帮助人们对社会、社区、建筑物、城市、地球等一切与我们生活息息相关的事物产生和谐相处的融合感。

景观设计学是一个十分庞大、纷繁复杂的综合学科,与社会行为学、艺术、建筑学、当代科技、类文化学、地域学、自然、地理等众多学科相互交叉渗透。同时,从景观设计的发展史来说,景观设计学是一门具有悠久历史的学科,现代理论的融入又给景观设计学带来崭新的生命力,让它具有了时间、空间双重意义属性。因此,现代景观设计学是一门与时俱进的学科,与人类社会发展同步,与现代人见解的变迁同步,它不断随着时代、社会、知识的交替发展而更新,具有古老而年轻的魅力。

第二节
中西方现代景观设计的差异

在第一节的论述中,我们谈到,现代景观设计学是一门人工色彩强烈、主观意图明显的学科,与社会发展同步,与现代人见解的变迁同步,同样,其与中国文明史、西方文明史的发展同步,是一个相互碰撞、相互交流、相互融合的过程。中国是一个具有五千年悠久历史的文明古国,具有博大精深的传统文化,值得每一位中华儿女骄傲与自豪。这样的文明古国高度重视"美"学的运用与发展,让景观设计一直在中国文化中占有重要的一席之地,无数大儒先贤们为中华传统景观设计学科做出了理论、实践上的表率与贡献。

直至近年,西方取得了世界文明的主导地位,欧洲文明席卷全球,尤其随着二战后美国的强势崛起,具有强烈西方意识形态的景观设计学成为现代景观设计的主流,并成为一种标准与趋势。但中国国内,中西方景观设计的交流呈现出较好的融合势头,既没有在西方意识流的冲击下失去原有色彩,也没有一味固守传统中国特色,而是形成百花齐放、百家争鸣的局面。本节就是从中、西方传统文化的角度对现代景观设计学的变化进行粗浅的探究。

中国景观体系与西方景观体系同属世界三大景观体系,是世界景观体系中的两朵"金花",两者交相辉映、相得益彰。当然,中国景观设计学随着国内近现代史的变化走过一段误区:全盘否定、全盘西化、停滞不前,这种误区随着时间的变化逐步得到纠正。

混沌初开,乾坤始奠。人类意识逐步苏醒,光彩夺目的景观艺术从人类意识苏醒、社会起步的第一天起,便展开画卷。从原始社会到部落公社,从部落公社到封建王国,从封建王国到文明都市,直至近代社会、现代社会,景观作为人们与自然环境相处的一种方式,随着人类活动的脚步走远、走广,成为遍布各地的客观存在,形成景观设计学的研究对象。

中、西方景观设计的差异来源于中、西方在宇宙观、自然观、审美情趣上的诸多不同,长期以来,中西方由于距离遥远、交通不便,虽然有"丝绸之路"沟通贸易与文化,但对中西方文明来说,北部的天然地理屏障阻碍了双方深度、广泛地交流与传播,仅有的贸易、文化交流并不足以促成双方文明的互信互达,成为双方景观设计理念产生差异的一大根本原因。我们可以从几个方面略窥一二。

一是在天地(宇宙)观念上的差异。西方人认为上帝创造了宇宙万物,创造了伊甸园,这些决定了西方文化日后的走向。西方在求证天地(宇宙)本体时候,更看重存在的实体,而不是对虚无、空幻的追求。中国则一直认为,天地来源于说不清道不明的道,有"道生一,一生二,二生三,三生万物"之说,宇宙不是由某个具体的神明创造的,而是"道"的产物。中国人更认为,道是无与虚空,先形成气,再产生世间万物。

二是自然观的差异。在西方主导的自然观念中,认为人与自然是分开的,自然是一个客观存在的事物,人是与自然相分离、高于自然、拥有自然的一种智慧生物。《圣经》中曾经讲述,上帝按照自己的形象创造了人,然后又赐福给人类,让人类治理这片大地,管理这世上的一切生物。由此,西方征服自然、改造自然的观点早就随着西方早期思想的启蒙根深蒂固,更成为景观设计创造的一大思想源泉。中国则与西方不同,倡导一种"天人合一"的自然观,中国人对自然往往充满敬畏、崇拜之情,一方面感谢大自然赐予大地的五谷丰登,另一方面十分忌惮雷霆大作、风雨交加、毁天灭地时产

生的巨大威力。中国先民在无数的神话传说中对自然有着充分的描述,神界是不可攀登、不可搜寻的,人是自然的一部分,人应该依附于自然并遵循自然的一切安排,最终达到"天人合一"的境地。

三是审美情趣的差别。在西方神话中,西方对规则式的人工美有一种偏爱,具有明确的规则、轴线,艺术形式明朗,成为西方景观设计的一大特色。中国往往追求含蓄、天人合一、和谐,因此,神话中仙境往往都是依山而居、环水而行,是一种世外桃源般的自然景观,蓬莱三岛、昆仑神山等一系列仙境都是这种思想的具体体现。因而,中国传统景观设计往往依靠主体的自然环境,加以点缀装饰,而不是以鬼斧神工的控制力与改造力打造一个全新的环境,与西方设计理念有着很大的不同。

中西方艺术在很久远的时代就已经产生了很大差别,对后世的景观设计学产生了深远的影响,并随着双方文化交流的断续与空白,成为两支完全不同的流派。一般认为,中国的艺术形式应该形成于秦汉、魏晋南北朝时期,西方则形成于古希腊、罗马时期,双方确定了自己的景观设计特色,并随着政权、社会制度的变化而不断产生变化。

第三节
现代景观设计学的发展

现代景观设计学成形于中西方传统文化的交流汇集之中,脱胎于近代景观设计学,正处于频繁的叙事时期,许多叙事都演变为宣言的形式。无论是舒缓的文笔或是激烈的表达,对于现代中国而言,景观在近十年间得到了长足的发展,成为一种符号与象征,从一个隐形话题发展成一个可以上升到公众、专业层面的热点问题,充分展现出公众对美好生活的向往,对美好景观的渴望,也凸显了景观设计的专业领域对创建良性发展的景观设计学的渴望。

景观设计本身作为一种物质性、社会性的实践活动,其根本目的在于为人民群众创造一个良好的生活环境与文化环境,并协调好人与自然之间的关系。中国随着经济活动的快速发展,景观设计达到了一个前所未有的高峰,除了具有现代意义的景观设计外,还有很多是单纯以物质形式创造现实中的存在,还有部分是以叙事的方式让作品的内容与意义成为设计表达的要领,并达到增强作品主题的目的,具有一种宣言的味道。

景观设计学在国内作为一门现代学科,从中西方融合到建立自身的科学研究体系,再到现今的学科自我表达、自我解放,这是一个曲折前进的过程,设计实践也随着学科的变化表现出纷繁复杂的特点。

叙事是当下景观设计学一种主流的表达方式,还将随着社会的发展幻化出更多、更好的形态。

参考文献
References

[1] 周武忠.理想家园:中西古典园林艺术比较[M].南京:东南大学出版社,2012.

[2] 刘庭风.中日古典园林比较[M].天津:天津大学出版社,2003.

[3] 王三山,周耀林.营造之道:中国建筑与园林[M].武汉:武汉大学出版社,2009.

[4] 易军,吴立威.中外园林简史[M].北京:机械工业出版社,2008.

[5] 李宇宏.外国古典园林艺术[M].北京:中国电力出版社,2014.

[6] 王毅.中国园林文化史[M].上海:上海人民出版社,2004.

[7] 张路红.园林艺术——情感与自然的交融[M].合肥:安徽美术出版社,2003.

[8] 贾珺.中国皇家园林[M].北京:清华大学出版社,2013.

[9] 祝建华.中外园林史[M].2版.重庆:重庆大学出版社,2014.

[10] 赵燕,李永进.中外园林简史[M].北京:中国水利水电出版社,2012.

[11] 朱建宁.西方园林史——19世纪之前[M].2版.北京:中国林业出版社,2013.

[12] 郭风平,方建斌.中外园林史[M].北京:中国建材工业出版社,2005.

[13] 刘托.园林艺术[M].太原:山西教育出版社,2008.

[14] 陈奇相.西方园林艺术[M].天津:百花文艺出版社,2010.

[15] 郦芷若,朱建宁.西方园林[M].郑州:河南科学技术出版社,2001.

[16] 赵书彬.中外园林史[M].北京:机械工业出版社,2010.

[17] 计成.园冶[M].胡天寿,译注.重庆:重庆出版社,2009.

[18] 刘敦桢.苏州古典园林[M].北京:中国建筑工业出版社,2010.

[19] 袁守愚.中国园林概念史研究:先秦至魏晋南北朝[D].天津:天津大学,2014.

[20] 姜智.魏晋南北朝时期园林的环境审美思想研究[D].山东:山东大学,2012.

[21] 周维权.中国古典园林史[M].北京:清华大学出版社,2008.

[22] 傅晶.魏晋南北朝园林史研究[D].天津:天津大学,2003.

[23] 林泰碧,陈兴.中外园林史[M].成都:四川美术出版社,2012.

[24] 安怀起.中国园林史[M].上海:同济大学出版社,1991.

[25] 潘谷西.中国建筑史[M].北京:中国建筑工业出版社,2009.

[26] 王其钧.图说中国古典园林史[M].北京:中国水利水电出版社,2007.

[27] 堀内正树.图解日本园林[M].江苏:江苏凤凰科学技术出版社,2018.

[28] 彭一刚.中国古典园林分析[M].北京:中国建筑工业出版社,1986.

[29] 童寯.造园史纲[M].北京:中国建筑工业出版社,1983.

[30] 针之谷钟吉.西方造园变迁史:从伊甸园到天然公园[M].北京:中国建筑工业出版社,1991.

[31] 王向荣,林箐.西方现代景观设计的理论与实践[M].北京:中国建筑工业出版社,2002.

[32] Lookingbill T R, Gardner R H, Wainger L A, et al. Landscape Modeling[J]. Encyclopedia of Ecology,2008.

［33］ Pearson S M. Landscape Ecology and Population Dynamics ［J］. Encyclopedia of Biodiversity,2013.

［34］ Morin K M. Landscape Perception ［J］. International Encyclopedia of Human Geography, 2009.

［35］ Mander U. Landscape Planning[J]. Dictionary Geotechnical Engineering, 2008.

［36］ Leroy S A G. Natural Hazards, Landscapes, and Civilizations ［J］. Treatise on Geomorphology, 2013.